我的第一本
思维导图
应用书

滕佳 王竣◎著

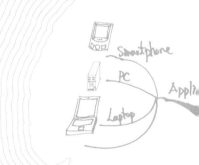

北京大学出版社
PEKING UNIVERSITY PRESS

内 容 简 介

　　《我的第一本思维导图应用书》是一本通过思维导图模板解决具体问题的书，41张思维导图模板，解决41个问题。本书以职场中的实际应用和生活中的场景为主要背景，把思维导图在工作、学习、生活中的各个片段用图的形式直接呈现出来。你不懂的理论、不懂的方法、不懂的道理，本书都用图的形式呈现出来。从1到N，帮助你快速提升自己的思维逻辑，这是本书最大的价值。

　　本书分为7个部分，共计17章内容，41个问题，通过即查即用的思维导图模板，帮助读者快速找到解决问题的思路，引导读者更好地思考。

　　本书适合职场人士，以及对思维导图感兴趣的读者阅读。

图书在版编目(CIP)数据

我的第一本思维导图应用书 / 滕佳，王竣著. —— 北京：北京大学出版社，2022.8
ISBN 978-7-301-33157-6

Ⅰ.①我… Ⅱ.①滕… ②王… Ⅲ.①思维方法 – 通俗读物 Ⅳ.①B804-49

中国版本图书馆CIP数据核字(2022)第120807号

书　　　　名	我的第一本思维导图应用书	
	WO-DE DI-YI BEN SIWEIDAOTU YINGYONGSHU	
著作责任者	滕佳　王竣　著	
责 任 编 辑	王继伟　刘沈君	
标 准 书 号	ISBN 978-7-301-33157-6	
出 版 发 行	北京大学出版社	
地　　　　址	北京市海淀区成府路205号　　100871	
网　　　　址	http://www.pup.cn　　新浪微博：@北京大学出版社	
电 子 邮 箱	编辑部 pup7@pup.cn　　总编室 zpup@pup.cn	
电　　　　话	邮购部 010-62752015　发行部 010-62750672　编辑部 010-62570390	
印 　刷　 者	北京宏伟双华印刷有限公司	
经 　销　 者	新华书店	
	730毫米×980毫米　16开本　15印张　185千字	
	2022年8月第1版　2023年10月第2次印刷	
印　　　　数	4001-6000册	
定　　　　价	59.00元	

关于思维导图，看看我跟你想的一样不？

翻开这本书之前，相信你一定对思维导图充满好奇，并且心中可能会带着几个问题，现在就让我来猜猜看你是不是这样想的：

γ 作者为什么要写这本书？

γ 会不会又是一本很枯燥的书？

γ 我看完这本书会有什么收获呢？

γ 我确实想学，但能不能学会呢？

γ 在这里能不能找到简单的方法呢？

接下来，我就以这5个问题为主线，简单介绍一下这本书。

为什么要写这本书？因为思维导图真的太有用了！十多年前我还在读研，导师让我们写任何论文前都要先画图，那时候并不知道思维导图这个工具，只是跟着导师画，强迫自己画各种逻辑图。后来自己开始讲课、开公司、做项目、谈判……各种工作复杂而烦琐，要求掌握的知识又多又深。我开始回忆、使用读研时用的这个工具，尝试在学习之外的工作场景也开始使用。比如，做旅游规划项目的时候，与甲方谈判的时候，给员工开会的时候，都把图画出来。突然间，工作效率、工作思路、创意思路完全打开，实现了质的飞跃！因此，我爱上了画图，我的笔记本、计划本到处都是图，没有了之前密密麻麻的字迹，全部用图来替代。

就是因为这么多年的学习与应用，在实际工作、学习、讲课中的积累，奠定了这本书的基调——案例＋场景！全书近100张图全部都是学习和工作中的场景浓缩，还原真实感受，真正把问题画成方案呈现出来，一点都没有说教。一张张图就是一个个问题的解决方案，案例全部来自实际工作，来自我自己、我的学生或员工。

你看完这本书之后，一定能学会如何画思维导图，还可以为你平时的问题找到相应的解决方案。因为里面包含了各种常见的生活、学习、职场场景，学会使用这些场景模板，保证让你的效率翻倍。

模仿和实践是最好的方法，画100张图可以掌握方法，画1000张图就完全可以应用自如了。本书单独设计了一个【小试牛刀】版块，目的就是让读者学以致用，自己练习绘制思维导图。

这本书为你提供了最简单的逻辑和方法，只要有一支笔、一张纸和一个清醒的大脑，就可以开始画图啦！完全不需要美术基础，动起来，一切都可以实现！

本书共分为7个部分，17章内容，涉及了41个具体的场景，囊括了学习、工作、生活中最常见的内容，掌握这些思维导图模板，平时遇到的99%的问题都会得到解决！

目录

自我诊断

第一部分

002 ｜ 你属于哪类人群呢？

快速入门

第二部分

第一章　1分钟带你了解思维导图

006 ｜ 什么是思维导图？

008 ｜ 是谁发明了思维导图？

009 ｜ 为什么东尼·博赞要发明思维导图？

009 ｜ 思维导图能做什么？

011 ｜ 我不会画图，可以学习思维导图吗？

012 ｜ 思维导图并不需要美术基础

014 ｜ 如何画好思维导图？

014 ｜ 思维导图真的可以提高工作效率吗？

020 ｜ 大卫·海勒的8种思维图

第二章　思维导图的逻辑关系

024 ┃ 思维导图的基础结构

027 ┃ 水平思考方式

029 ┃ 垂直思考方式

031 ┃ 分类思考方式

033 ┃ 淘金思考法

第三章　思维导图的绘制要点

036 ┃ 画图前的准备工作

037 ┃ 思维导图绘制的 8 个原则

041 ┃ 画图的核心方法与步骤

042 ┃ 常用构图与注意事项

03
第三部分　学习跃迁——成为学习高手的技术

第四章　学习方法——如何快速提升学习效率?

044 ┃ 课堂学习笔记

049 ┃ 高效自学——提升 20% 效率的自学模板

第五章 写作与阅读——输出与输入之间的艺术

055 | 书面表达力——论逻辑的重要性

063 | 读书笔记——如何有效阅读一本书？

069 | 新媒体写作——从提笔就慌到提笔就写

074 | 应用文写作——如何写出让领导满意的文章？

第四部分

能力塑造——高效能人士打造训练

第六章 个人能力分析——发现自我提升的阶梯

078 | 挖掘个人潜能，找到立足职场的关键优势

082 | 个人综合素质分析图

第七章 个人 IP 塑造——你的品牌价值百万

086 | IP 分析与自我定位——锁定自己的发展方向

091 | 快速打造个人品牌的方法与技巧

第八章 自我效能提升——如何成为高效能人士？

097 | 打破知识框架，整理知识体系

102 ┃ 制订工作计划——没有计划的人，一定会被计划掉

106 ┃ 思维导图清单法——如何筛选重要内容？

111 ┃ 思考方式——不断接近问题本质

05
第五部分

高效工作——如何让工作效率轻松翻倍？

第九章 时间管理——充分利用你的每一分钟

116 ┃ 番茄工作法——教你有效使用每一分钟

120 ┃ 四象限工作法——再也不用担心任务太多

123 ┃ 清单计划法——让一切变得高效、有序

第十章 决策管理——如何做出正确的决定？

125 ┃ 六顶思考帽——提高思考与决策效率

130 ┃ 头脑风暴——让你的思维刮起一阵龙卷风吧！

第十一章 会议管理——如何组织一场高效的会议？

135 ┃ 会前准备——如何做出一份漂亮的会议预案？

138 ┃ 世界咖啡开会法——让团队的创造力迸发出来吧！

第十二章　沟通艺术——如何利用思维导图提升沟通效率？

142 ｜ 如何提问才能直击要害？

146 ｜ 如何快速取得对方信任？

149 ｜ 如何让演讲更轻松？

152 ｜ 高情商口才是这样练出来的

第十三章　商务技能——商务精英的必备技能

158 ｜ 如何跟客户介绍自己？

164 ｜ 如何快速适应管理岗位？

170 ｜ 如何策划营销活动？

问题解法——问题分析与解决技巧

第六部分

第十四章　问题分析与解决工具

176 ｜ SWOT 分析法

181 ｜ WBS 工作分解法

184 ｜ 5W2H 分析法

188 ｜ 麦肯锡 7S 模型

第十五章　发现、分析、解决问题

193 ｜ 发现问题

198 ｜ 分析问题

201 ｜ 解决问题

07

第七部分

诗与远方——眼有星辰大海，心有繁花似锦

第十六章　自在生活——把生活活成想要的样子

208 ｜ 下班后的时间安排

213 ｜ 断舍离

217 ｜ 减肥计划

220 ｜ 约会安排

第十七章　星辰大海——除了眼前的苟且，还有诗与远方

224 ｜ 查攻略

227 ｜ 制订出行计划

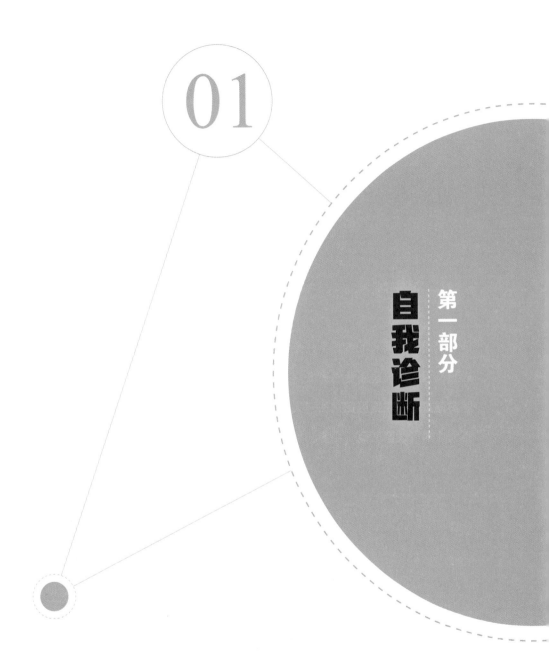

01

第一部分

自我诊断

你属于哪类人群呢？

　　学习需要有目的性，无论所学的知识难不难，需要花费多少时间，都要明确目的后再学习，这样效率更高，收获也更大。

　　接下来的思维导图，按照人生所处的不同阶段与面临的各种问题进行划分，每个人都可以自己检验一下，找到学习思维导图的目的。

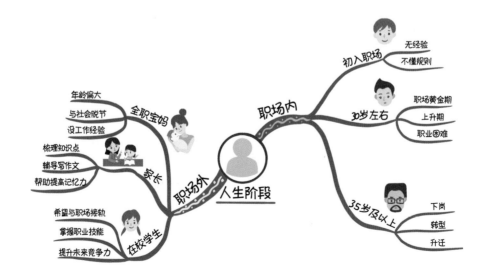

根据个人情况，自行填写下表。

学习目的自我诊断表	
类型	
所处阶段	
学习目的	

对于你来说,下面几种状况有没有曾经出现过或者正在出现呢？如果有的话,可以在思维导图后面继续完善你的状态信息,这样可以更详细地分析自己目前的状况,有利于后面的进一步学习。

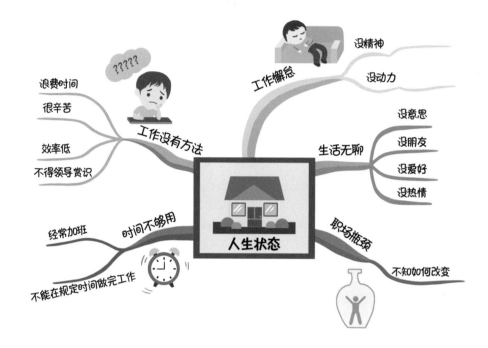

相信大部分读者都会遇到一种到两种类似的情况,这是为什么呢？到底该如何解决呢？

如果想知道答案,请开始阅读的旅程吧！

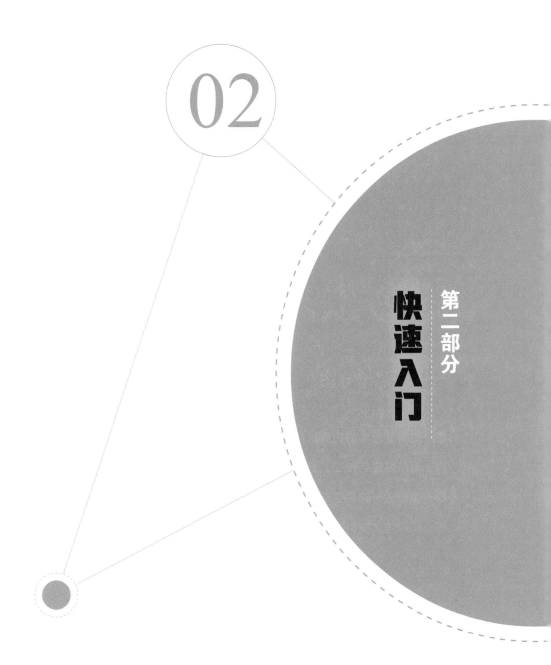

02

第二部分

快速入门

第一章

01

1 分钟带你了解思维导图

当今教育界，从小学到大学，再到职场，无一例外都在宣传思维导图的好处，希望每个人都会画、会用思维导图，但到底是不是所有人都能学以致用呢？

什么是思维导图?

思：对需要思考的内容进行发散性思考。

维：对信息进行加工，分成不同维度。

导：像管道一样将信息输出。

图：用模仿大脑树状结构的图谱绘制出来。

思维导图是模仿脑细胞的连接方式，用图表呈现的发散性思维，也是将大脑内部发散思维的过程做出外部呈现。可以说，思维导图就是大脑工作原理的使用说明书。

思维导图从中心发散出去，运用曲线、符号、词汇、颜色及图片，形成一幅完整的图画。就像以下这些图：

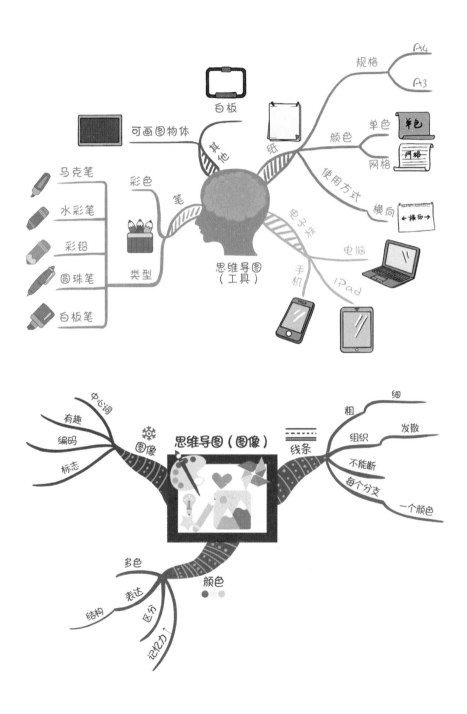

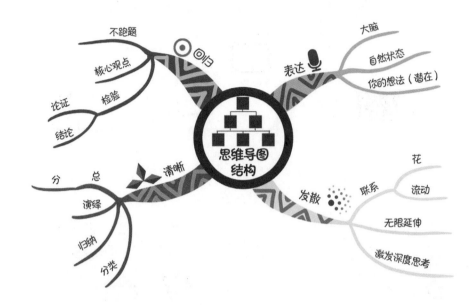

是谁发明了思维导图?

- 东尼·博赞 英国人 1942年生
- 教育学家 心理学家 超级作家
- 出版100多部专著
- 翻译成35种语言
- 风靡200多个国家地区

为什么东尼·博赞要发明思维导图?

东尼·博赞上大学的时候课业压力非常大,在思考能力和写作能力方面都亟待提升,于是他就来到图书馆,想要找到一本关于如何使用大脑的书,但是一无所获。

于是,东尼·博赞决定自己动手,开始研究如何用大脑解决知识领域的问题,相继学习了心理学、大脑神经生理学、语义学、神经语言学、信息理论、记忆和助记法、感知理论、创造性思维等多门学科。

之后,东尼·博赞逐渐把词汇和颜色运用到笔记中,出人意料的是,记忆效果得到了显著提升。

随后,东尼·博赞发现,通过绘制结构图的方式,能够有效提升学习效率,自此,思维导图诞生了!

思维导图能做什么?

思维导图的用处可多着呢:

γ 帮你写文章

γ 做工作计划

γ 节约沟通成本

γ 节省开会时间

γ 解决复杂问题

γ 分析问题本质

γ 梳理讲话逻辑

γ 迅速进入工作状态

γ 帮助发散思维

γ 进入深度思考

......

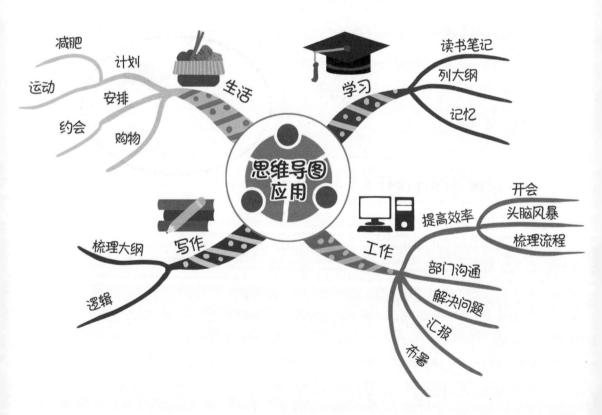

我不会画图，可以学习思维导图吗?

很多人在初次接触思维导图时都会很困惑，自己不会画画，到底能不能学习思维导图？答案是完全可以！思维导图是一种工具，实际上根本不需要任何美术基础。

跟我学，简单几步就可以。

第一步：准备好白纸和彩笔。

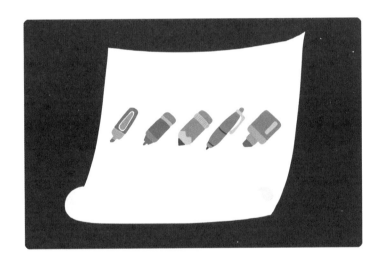

第二步：纸横放，在中心画个体现主题的图。

第三步：画出各个分支。

γ 从右上角开始第一个分支

γ 线条由粗到细，不间断

γ 文字写在线上

γ 文字要简单，写重点

γ 每个分支一个颜色

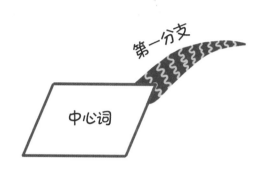

第四步：出图。

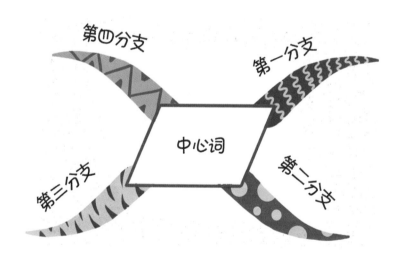

思维导图并不需要美术基础

问：思维导图是给谁看的呢？

答：大部分图是给自己看的。

问：画错了可以修改吗？

答：当然可以，可以无限次修改，只要自己可以看清楚就行。

问：我们为什么要画图呢？

答：因为我们需要用图来梳理自己的逻辑，而不是为了画张好看的图，图只是一种呈现方式而已。有了逻辑，可以把整张图的结构清晰地呈现出来，而这个结构足以让我们了解图的内容即可。美观的效果只是锦上添花，所以不用担心，画得好看不那么重要。

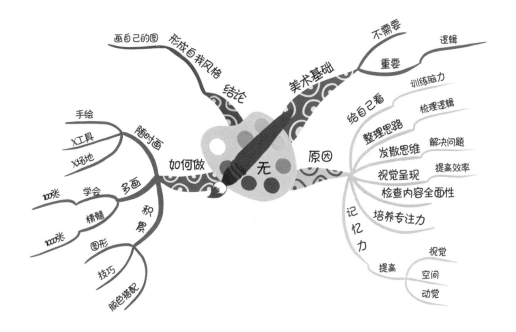

那么，为什么说思维导图不需要美术基础呢？

γ 思维导图是给自己看的，目的是训练大脑

γ 整理大脑思路，梳理原本混乱的逻辑

γ 训练发散思维，解决现实问题

γ 利用视觉呈现，节约时间成本

γ 检查是否缺失内容

γ 培养专注力

γ 提高记忆力

如何画好思维导图?

γ 随时随地开始画，不要在意场所、工具等问题

γ 尽量多画。100 张图领会方法，1000 张图领会精髓

γ 多积累。平时多注意一下小图标的积累，做成图库保存起来

结论： 逐渐形成自己的风格。

思维导图真的可以提高工作效率吗?

思维导图不仅可以应用在学习中，在工作中的效果也是有目共睹的，并且得到了世界各地企业、组织和顶级学府的认可。

全世界认可

思维导图被书面引用 2 亿次。

全球大概有超过 10 亿人通过电视、广播、网络等媒体了解过思维导图，并

且这个人数还在持续增加。

英国查尔斯王子曾经跟东尼·博赞学习，取得了非常好的效果，称其为"记忆力之父"。

波音公司设计波音 747 飞机时，使用思维导图后，时间从原来的 6 年缩短到了 6 个月，并节省了 1000 万美元。

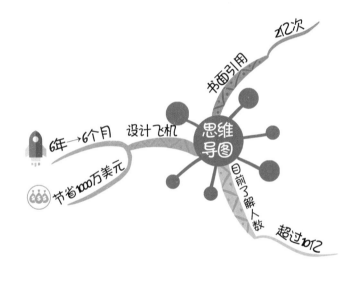

世界顶级学府在学习

哈佛大学、牛津大学、剑桥大学、伦敦大学、斯坦福大学、英属哥伦比亚大学、萨塞克斯大学、华威大学、曼彻斯特大学、利物浦大学、都柏林圣三一大学、都柏林大学、爱丁堡大学、思克莱德大学、格拉斯哥大学、卡迪夫大学、西澳大学等学校都在学习思维导图。

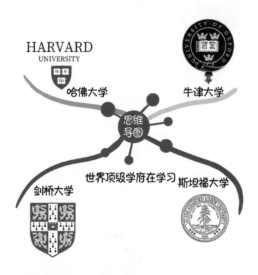

世界 500 强企业在应用

IBM、通用汽车、汇丰银行、甲骨文、麦克拉伦集团、英国石油、英国电信、

BBC 电视台、微软、迪士尼、强生、惠普、摩根大通、3M 公司、施乐、高盛、

伦敦警察厅、巴克莱银行、大英百科全书、科威特国家石油公司等企业都在应用

思维导图。

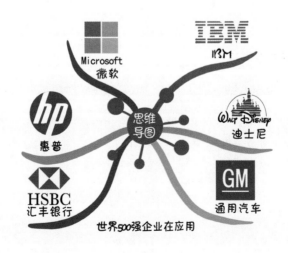

案例

去年年底我去朋友的公司，他是一家2000人企业的副总，当时正在看公司年底的述职报告，在办公桌上厚厚地堆了一摞，令他很头疼。

我随手拿起翻看，内容类似、篇幅冗长的报告确实让人心烦。

"这些你都要看吗？"

"当然了，这些报告反映了员工一年都干了什么，跟年终的各种评定都有关系。"

"如果我有一个好办法能让你迅速了解报告的内容，你愿意学吗？"

"那当然好啊，快说说。"

于是，我给他画了一张图，把一个销售经理的总结画了出来，然后给他讲解其中的内容，他很快就理解了。

下图就是我把其中一份工作报告做成了思维导图，仅仅2分钟，就可以看清楚这名工作人员一整年都做了什么。

随即，我被邀请为他们公司主要员工做培训，并让他们用思维导图的形式绘制述职报告，结果节省了很多时间。原本，这些人需要用一周左右的时间完成自己的述职报告，而通过思维导图，他们只需要花2个小时进行深度思考，就可以将一年的工作内容整理出来。

之后，思维导图在他们公司得到了广泛推广，从总结到开会，再到与客户谈判，思维导图被运用到各种场景中。

今年又见了他一次，他说公司员工的工作效率整体提升了30%，特别是在部门沟通环节上，提升了50%。没想到，一张图竟然如此神奇！

定价 协商

信息

业绩

回款

8小时 8

费用

完成

要求

丰收 岗位职责 合规 手续

制度

其他

责任感

总结 工作

客户 需求 供货

投诉

解决

及时

大卫·海勒的 8 种思维图

美国著名思维教育家大卫·海勒博士提出的 8 种思维图，适用于一些特殊场景与表达，可以弥补思维导图不方便记录的内容。

这些思维图也可以用在整理简单逻辑关系方面，初学者在没有掌握思维导图之前可以用这 8 种图进行练习和梳理。

▼ 圆圈图：用于定义一件事

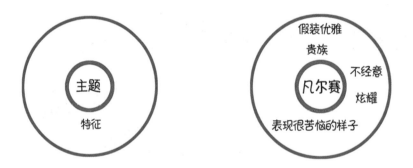

▼ 泡泡图：用于描述事物的性质和特质

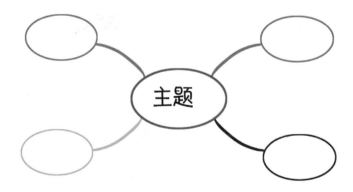

▼ 双气泡图：用于比较和对照

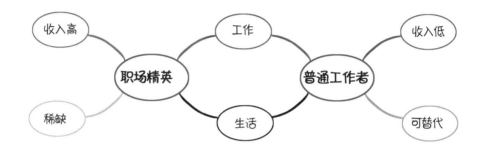

▼ 树状图：用于分类与归纳

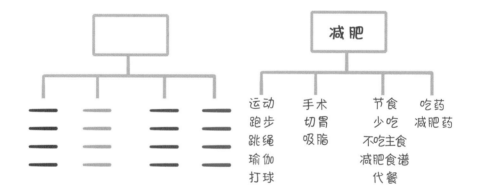

▼ 流程图：用于表达次序

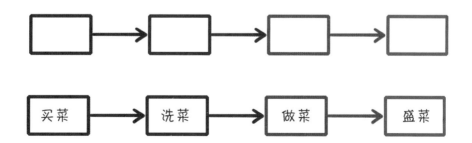

▼ 多流程图：用于表达因果关系

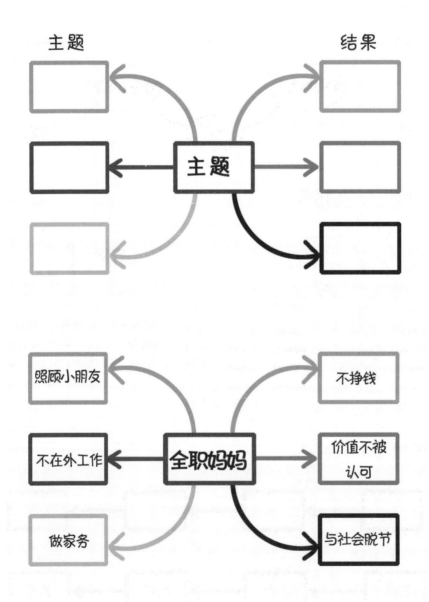

▼ 环抱图：用于表达事物的局部和整体

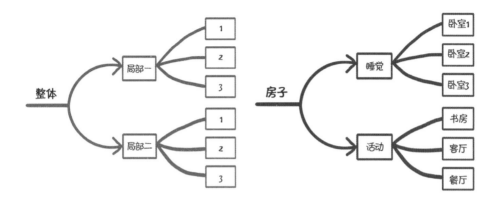

▼ 桥状图：用于类比，描述事物之间的相似性和相关性

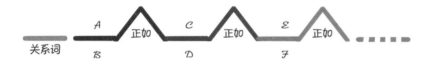

第二章

思维导图的逻辑关系

思维导图最重要的特点就是呈现出你的逻辑思维，思维层次的高低在导图中一眼就会被看穿。而最终你的学习水平、事业所能达到的高度，也是取决于基于逻辑对事物做出的决策判断水平。

思维导图的基础结构

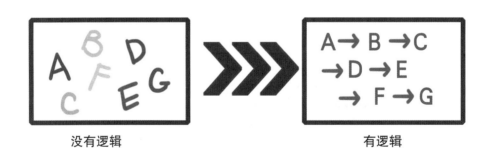

没有逻辑　　　　　　　　　　　　　　　　有逻辑

在职业发展过程中，有一个至关重要的观点：逻辑强的人能力一定强，逻辑不行，做事不行；逻辑不对，事不能对。所以，如果想在职业发展这条路上走得更远，一定要先梳理自己的逻辑，而思维导图就是非常有效的一种梳理逻辑的工具。

总分结构

在思维导图中，每一个分支都是一个观点，随着导图越来越细，观点也会越来越详细。所以，画图的时候，保持总分结构是基础。

我们随便拿一张图的一个分支来看一下。

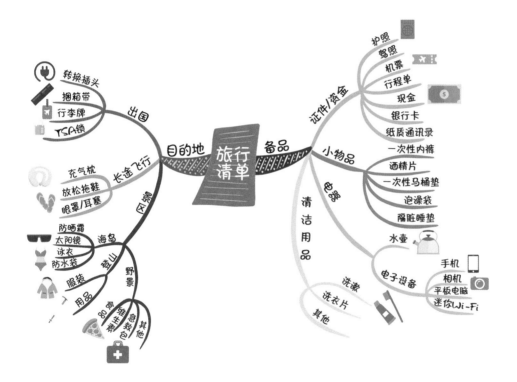

这是我在旅游出行前会画的图，防止自己忘记要带的东西。一般我会分为两部分，一部分是备品类，包括证件、小物品、电器及清洁用品等，然后按照分类往里面放东西。另一部分是目的地的准备计划，依据是否出国、飞行时间和景区类型来准备物品。这样分类后对整理物品非常有帮助，就不会忘记了。

这就是总分结构，也是思维导图中的基础结构。

小试牛刀

假设你是一位思维导图初学者，想要进行系统化的学习，利用总分结构的方式设计一张思维导图，找到最佳的学习方式。

水平思考方式

水平指的是在一个水平面上，相互平行的关系。有这样一些员工，他们很勤奋，也很努力，经常加班工作，但总是得不到老板的赏识。每次给老板提交文件或方案的时候，老板总会说："方案不行，再回去想想。"

到底是哪里出问题了呢？

其实，就是水平思考能力不足，导致方案不够全面。

水平思考也被称为并联式思考、发散式思考，这个概念是由爱德华·德·波诺提出的。在整个思考过程中不强调对策论证，而是通过"自由联想"，把可以写出来的内容都呈现在图中，重点是数量，越多越好。

下图中都是矩形，但是在名称相同的情况下，各个形态仍然不同。如果继续往下画，还可以画出更多种矩形，以及更多颜色，这就需要发挥想象力，运用发散思维去创造。

水平思考的关键点在于你能联想出的结果，而不是经过理性判断后的结果。它无须追求逻辑与对错，先写下来，让内容丰满，用直觉作业而非用逻辑去思考。

小试牛刀

接下来，请你在 60 秒内，写出你能联想到的矩形物体。

垂直思考方式

垂直思考也称为串联式思考，是一种与水平思考相反的思考方式，是理性思考，讲究逻辑、判断、可行性等。垂直思考需要考虑思考的深度，要求思考者根据自己的判断力对事物进行深度挖掘，每一步行为都要有原因，而且要正确。垂直思考强调找到最终的答案。

例如，我们决定去吃火锅，火锅有好多种，看看下面的图，不断缩小范围确定答案，最后得到想要去的餐厅。这就是垂直思考，每一步都需要我们判断后做决定。

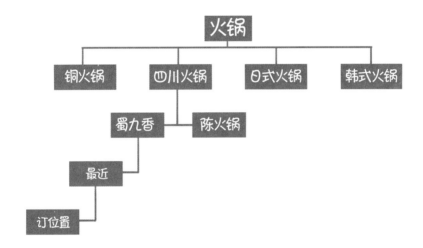

从此图可以看出，在选择吃饭这件事上一直做深度思考，从口味到品牌，再到最后的地点，经过理性筛选后做出最终决定。这就是垂直思考方式。

在思维导图中，这种方式考验你的深度思考能力，也可以检验你做事的细致程度。如果一开始无法做深度延伸，可以尝试多问几个为什么，边问边写答案，问题问得越多，答案越深入，垂直思考就会做得越好。

小试牛刀

周一你就要去新单位入职了，你想买一件漂亮的职业装，请你利用垂直思考法画出相应的思维导图。

分类思考方式

分类思考是指将不同事物进行有效分类：

γ 按照地区分（东北、华北、西北……）

γ 按照行业分（食品、通信、物流……）

γ 按照交易实绩分（无交易经验、交易暂停、继续交易……）

γ 按照业绩分（超额完成、持平、没完成……）

……

上面的分类方式基本是按照事物本身的性质进行分类的，如果是很多事物混杂在一起，可以根据以下两点进行分类。

1. 相同点与不同点。例如，芹菜、苹果、西红柿、糕点、包子、菠萝、杧果、榴莲、土豆、辣椒，我们将这 10 种食物分类如下。

水果	苹果 菠萝 榴莲 杧果
蔬菜	土豆 西红柿 辣椒 芹菜
主食	包子 糕点

2. 主从关系分类。上图已经把 10 种食物按照不同品类放在了一起，可以发现，前面用一个词总结概括了一下，这个词就是关键词。在画思维导图时，关键词的选择尤为重要。水果、蔬菜、主食就是根据不同分类总结出来的关键词。

小试牛刀

目前，你迫切需要自我提升，想要通过学习知识付费课程提高职场竞争力。接下来，请你通过思维导图的方式，将市面上主流的职场类课程进行分类，从而确定你想学习的内容。

淘金思考法

思维导图是典型的大脑输入与输出并行的思考方式，所以才会有那么多人在学习它、应用它。而在输入与输出的过程中，大脑要不停地动，思考力会得到前所未有的提升。

在应试教育中，很多学生已经养成了被动学习的习惯，笔记记录工整，时间安排紧张，一个课程接着一个课程，但很多时候，学习效率却不高。使用思维导图的学生也会出现画不出图的情况，明明已经输入了很多知识，却不能把它们通过图整理、呈现出来，其实这都是思考方式不对。因为他们采用的是海绵式思维——尽可能记住所有材料，但不做任何评价、思考。

淘金式思考法则恰恰相反，它来自批判式思维。从字面上就可以理解它的含义，如同淘金子一样筛选知识。在输出的时候，不再是把知识原封不动地搬出来，而是需要我们在大脑中对知识进行加工，决定哪些留下，哪些扔掉。最后总结出关键词汇和知识点留在图中，从而搭建起自己的知识框架。

淘金式思考法是主动学习沟通思考法，它可以与读者沟通，与听众沟通，甚至与自我沟通，不断地问自己问题，把自己知道的知识都挖掘出来，这也是淘金的过程。

淘金式思考法是检索答案、搜寻信息的最好方法。

淘金式思维需要建立在以下 3 个维度上。

γ 每一个问题需要环环相扣

γ 在适当的时机，以适当的方式，提出并回答这些问题

γ 有积极、主动地使用这些关键问题的强烈意愿

举个例子，如果你想知道现阶段的目标是什么，可以向自己提出以下问题。

1. 当下，我的目标是什么？

γ 买一部新手机

γ 换一辆新的电动车

γ 出去旅行

2. 我应该如何实现这些目标？

γ 努力赚钱

3. 怎样才能赚到钱？

γ 跳槽／转岗，寻求更好的职业发展机会

4. 如何才能找到更好的岗位？

γ 考取相关证书，找到实习机会，从而实现跳槽／转岗、涨薪的目标

从上面的例子可以看出，每一个问题都是环环相扣的，案例中当下的目标本质上都是围绕一个"钱"字，那么努力赚钱才是最重要的。如何赚到钱呢？分析之后发现，最接近的答案就是跳槽或转岗，这就要求学习相关岗位的知识。

这就是淘金式思考法，一步步找到最优答案。

接下来，请利用淘金式思维分析"当下，最重要的目标是什么？"并用思维导图的形式呈现出来。

第三章

03 　**思维导图的绘制要点**

🔀 画图前的准备工作

1. 工具

纸：A4、A3 网格纸。

笔：水彩笔、马克笔、彩铅等。

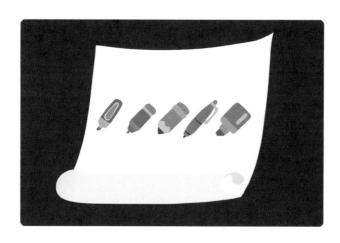

2. 清醒的大脑

如果你的大脑过于疲惫，或刚刚经历了熬夜、醉酒，建议先休息再画图。因为不清醒的大脑不会产生好的联想与发散思维，而且深度用脑会加剧大脑的疲惫感。所以，如果想让画的图有效，最好的方式就是休息好后再去画。

思维导图绘制的 8 个原则

原则 1：关键词要精练

很多导图，特别是计算机绘图，习惯把论点写在上面，这样虽然可以看明白，但是不方便后面画图，所以在导图上一定要简单表达，字越少越好，这样也可以训练整理思路、梳理语言的能力。

例如：我要去超市 ——→ 超市。

原则 2：线条要流畅

无论是曲线还是折线，都要一笔结束，不要在意线是否好看或笔直，重要的是不要来回画、反复描。因为我们是在梳理自己的思路而不是画线，重点分不清会影响大脑操作，大脑指令的方向也会改变。

原则 3：线条从粗到细

线条的样式可以随意切换，没有固定标准，但它是在模仿大脑，所以线条也要跟大脑里的神经系统一样，从粗到细，这样在感官上可以跟大脑保持连接和一致。

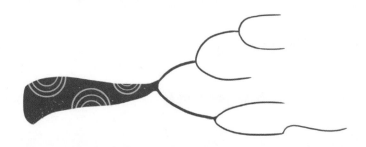

原则 4：分支颜色保持一致

思维导图颜色的区别是为了让图更鲜明好看，而且多色有助于大脑记忆和识别。而乱用颜色会让大脑在识别中产生错乱，例如，下图就是错误的配色。

原则 5：图标简单有趣

原则 6：多色原则

每个分支用一种颜色表达，尽量不要重复，这样有利于记忆和区别各个分支。

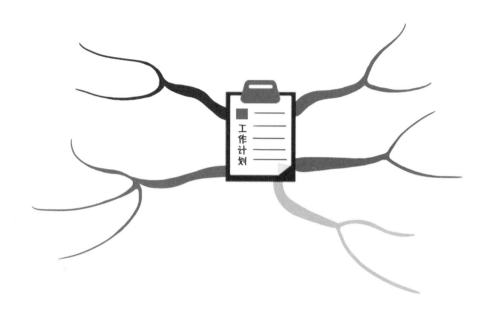

原则 7：不断线原则

下图画"红圈"的地方就是线与线的连接处，此处不能断裂，断线如同大脑"断片"一样，会让思路中断，画图的时候应该注意。

原则8：主干不超过8支

下图有5个主要分支，正常画图时不应该超过8个，否则会使画面显得很混乱，条理不清晰。

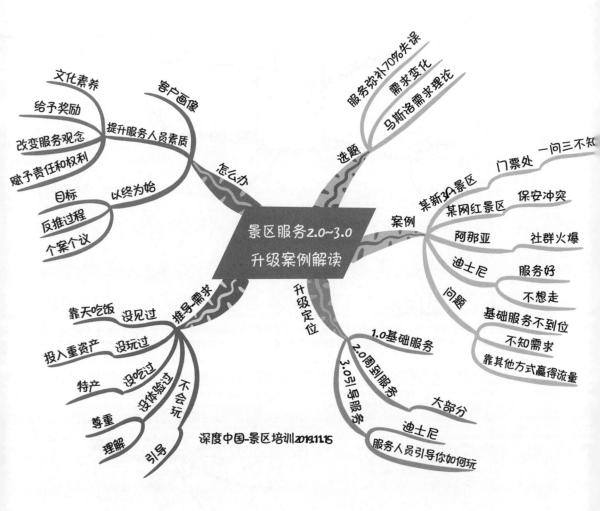

画图的核心方法与步骤

第一步：确定中心图或中心词

第二步：梳理分支，找到每一个核心分支

第三步：写清楚分支具体内容

第四步：加入图标

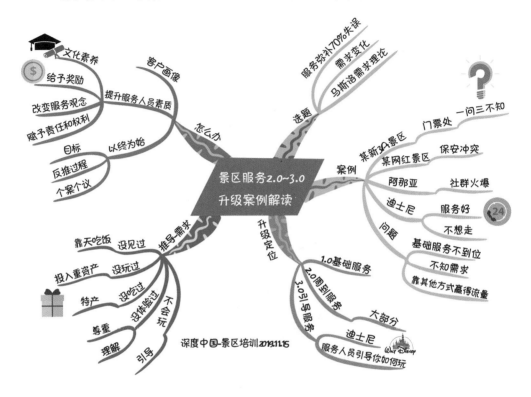

常用构图与注意事项

γ 随时随地，想画就画，不要被不会画图所局限

γ 无论纸张多大，都要横向画

γ 不要纠结有没有彩笔、环境是否适合，思维导图在哪里都可以动笔

γ 图可以反复修改，不要因为怕错而不下笔

γ 集中精力在内容上，而非图的样子上

γ 先把能画的都画出来，细节后面再调整

γ 集中注意力，尽量不要被打断

03

第三部分

学习跃迁——成为学习高手的技术

第四章

学习方法——发现如何快速提升学习效率？

⊹ 课堂学习笔记

很多刚入职场的年轻人，工作之后发现自己与其他人的差距，于是开始拼命充电。Sherry 就是其中之一，她所在的岗位属于人力资源部，里面有很多专业知识需要学习，而且公司处于上升阶段，每天都在做招聘、薪资核算，以及办理入职手续等烦琐又细致的工作，她感觉特别忙，经常加班。只能利用周末和晚上的时间上课学习人力资源相关知识，她意识到要想实现更高的听课效果，需要更有效地做好课堂笔记，从而兼顾工作和学习。

进入职场后，你会发现对很多知识的需求都是随机的：领导开会、新项目讲解、课题讨论，随时需要补充新知识。而在学习时，特别是一些商业类课程，老师讲课只有 PPT，这时就需要我们记大量的笔记，而普通线性笔记如同流水一样，跟不上。很多要点记不住，记完的内容多半不成逻辑，还需要后期再加工。即使拍下大量的 PPT 图片，回去看的也少之又少。

那么，如何打破这种局面呢？利用思维导图记录，一张纸就可以记录所有课堂内容。

第一步：写出主题

主题一般是 PPT 的题目、课程标题、演讲主题或一些发言题目等。

主题是我们最需要抓住的内容。抓住主题意味着我们不会跑偏，所有思考都会围绕主题来做。如果主题中包括几个分主题，也要把它们写在后面，这样方便我们把握课程内容。

第二步：主要观点

这个部分主要记录的是内容要点。每个要点一个分支，一定要记住逻辑关系是总分结构。分支内容用关键词替代，但后面的要点可以记录得详细一些。例如，人力资源的课程主要包括 4 个方面，下面就来整理一下。

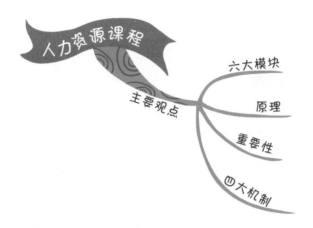

第三步：必会要点

把资料中必须掌握的内容在此处列出来。比如人力资源的课程里，四大机制
与六大模块是非常重要的内容，就可以把它们列出来。

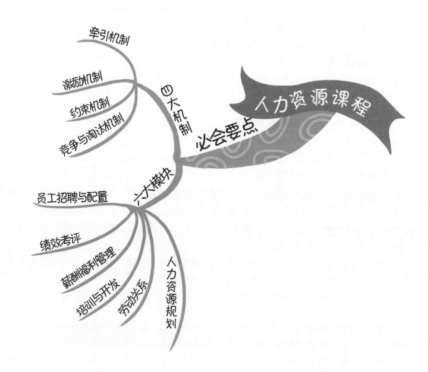

第四步：遇到问题

在听课、会议等过程中一定会遇到没听清或没理解的问题，这时可以分别列出来，在课后复习的时候发现问题也可以写出来，然后去找答案。我习惯把问题分为主观和客观两部分。

这里简单列一些，大家也可以根据自己的情况详细写出来，问题找得越精准，处理问题的方案就越有用。

第五步：解决方案

在寻找解决方案的时候可以从两方面出发：一是针对问题的对策，二是针对这次学习的检测机制，比如做练习题，或者到实际场景中练习等，都是有效的方法。

如果工作或学习中遇到问题，就可以按照上面的步骤给出解决方案。当然，你也可以继续找适合自己的方案，此处无标准答案。

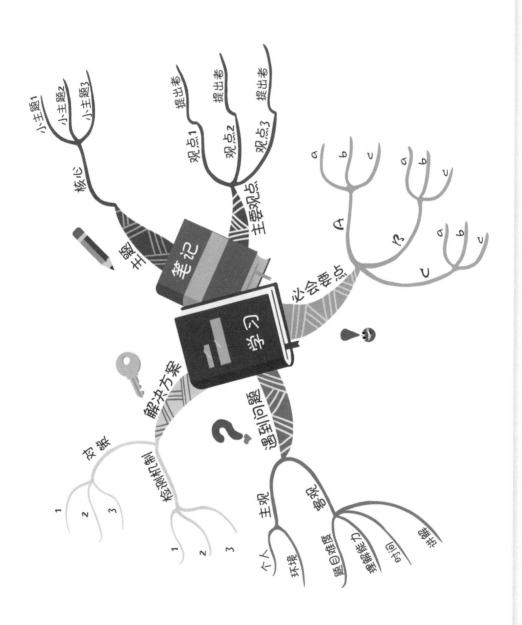

小试牛刀

以你目前正在学习的课程作为训练内容，按照上面的步骤，用思维导图分析并呈现出来。

高效自学——提升 20% 效率的自学模板

Tony 工作后的工作内容与大学学的知识完全不同，所以他每天下班之后都要利用一切时间学习专业知识，以便能尽快赶上同事。他发现，很多实践内容是需要碎片化自学的，这让他很郁闷，时间、理解能力、学习效果都成为他的目标和障碍！

针对 Tony 的问题，应该怎样帮助他呢？

进入职场后，自学成为我们必不可少的技能。没有整块时间坐在教室听课，大部分时间都是自己在家学习，或者收听一些网络课程。这时候，拼的就是学习能力、学习效率。今天给大家介绍一个新形式——自学模板。在这个模板中，可以把任意知识点进行拆分，自学效率至少可以提升 20%。

同样，可以在模板的后面写上你理解的内容，方便整理。我们以《金字塔原理》一书为例，来画一张思维导图。

第一部分：概述

学习目标：本章节或本书的学习目标一定要有，这样我们在画图的时候才能始终围绕一条主线来做。

大纲内容：把大纲串成线。可以按照你的理解，比如以某个问题、某个人物作为主线，或以某个知识点为原点进行延伸。

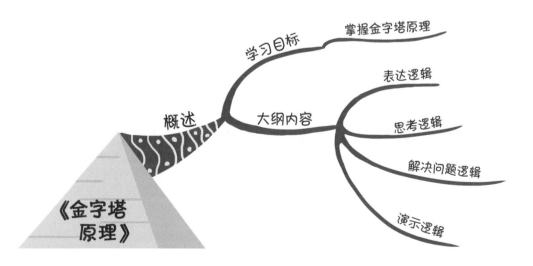

第二部分：分析

到这部分，就是对书的内容进行拆解和细分了。如果是教科书，要加上考点；如果是工具类图书，可以忽略此部分，或把此部分改为"必会内容"，然后仍然按照这个思路画下去。

γ 考点：重点、难点

γ 内在逻辑：把各章节之间的关系搭建一个知识框架，也可以重新画一张
　框架图给自己看

γ 提出问题：找到书的主线及你认为的难点

γ 解决问题：列出问题的答案

γ 练习：设计练习频率和强度，要按照计划执行

第三部分：必会内容，这里再次强调必须要会的内容

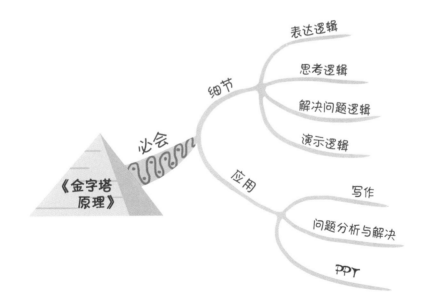

第四部分：总结与复盘

γ 本书总结：要自己归纳

γ 各章节总结：在后面列出来

γ 尚未解决的问题

γ 目前掌握到什么程度：这部分内容需要定期更新，以便随时掌握学习情况

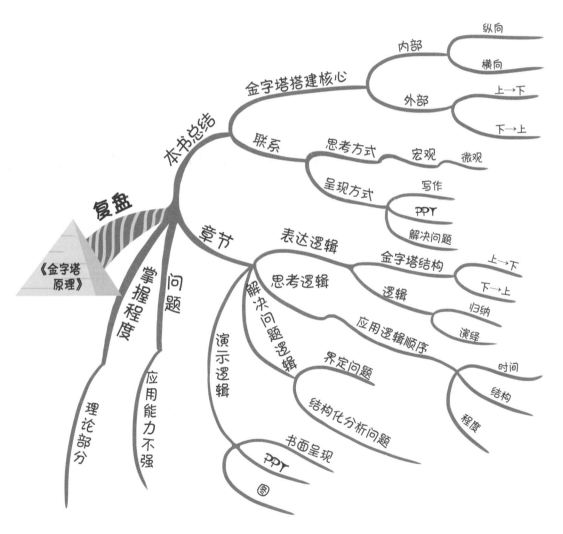

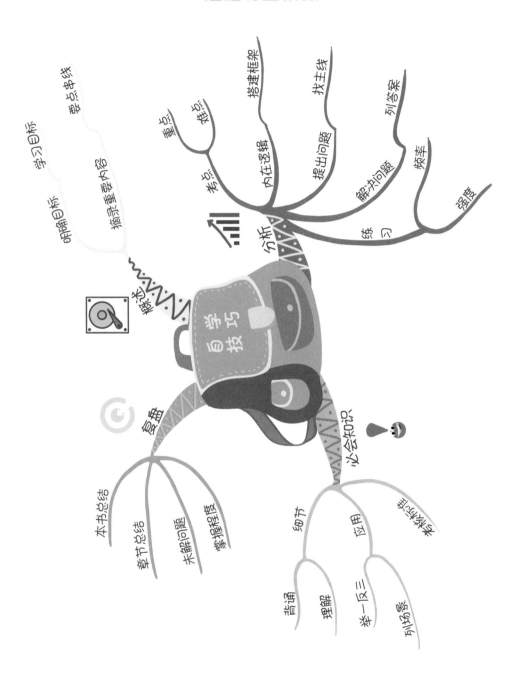

学习目标
要点串线
明确目标
摘录重要内容

重点
难点
考点
内在逻辑

搭建框架
找主线
提出问题
列答案
解决问题
频率
练习
强度

学习
技巧

概述

复盘

分析

融会知识

本书总结
章节总结
未解问题
掌握程度

细节
应用
形象记忆

背诵
理解
举一反三
列场景

小试牛刀

选取你目前正在读的一本书，或者是正在学习的一门课程，按照上面的步骤，结合思维导图进行拆分，检验自学的效果。

第五章

写作与阅读——输出与输入之间的艺术

书面表达力——论逻辑的重要性

小王在一家互联网公司就职，工作很努力，但是书面表达力太差了，从领导到老板，都认为他的逻辑性很差，很简单的任务都写不明白。而他所在的部门又非常重视书面沟通，正是因为这一点，老板对小王并不满意，虽然他做得很多，但是升职加薪总是轮不到他，这也是他决心改变的原因。

沟通分为两种，即书面沟通和语言沟通。我们往往更重视语言沟通，忽视了书面表达力的培养，要知道如今的职场，写作与逻辑是必不可少的能力。

第一步：厘清思路

1.**逻辑**。也就是写什么样的文章，需要什么逻辑，然后继续划分，先确定文章类别，接下来是写什么内容，用什么语言写。

2.**具体写什么**。可以概括为结论、理由，这也是领导最关注的部分。

3.**语言**。一定要用书面语言，不同于口语汇报，写太多口语化的东西，领导会认为你没有认真对待，或者是你的能力不行。如果是甲方，会认为这么重要的文件竟然用口语化表达，不够专业。因此，书面语言很重要。要学会用关联词，也就是"因为……所以……""如果……那么……"等。

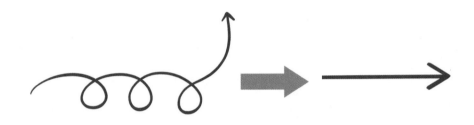

第二步：如何表达

这一步开始呈现内容，内容要写什么，我们就把它画出来，论点、结论、行动都要列出来，然后开始逐一画分支。

我们用圆圈图表达内容，以小王为例，他的脑子里有很多东西，但是都堆在一起，不会梳理，这时可以利用思维导图梳理一下。

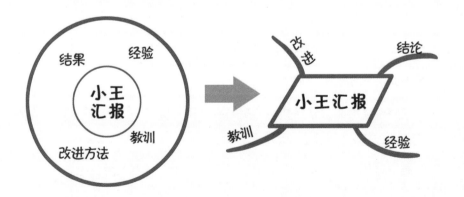

第三步：分析

到了这部分，我们就要分析什么能写，什么不能写，理由是不是充分，也就是论据。

首先，考虑理由是否充分。

1. **少用歧义词**。一些意思不准确的词语尽量不用，比如"我妈妈在医院"，如果后面没有解释，大家很容易产生误会，到底是在医院看病，还是住院了，又或者是在医院工作呢？

2. **要注意顺序**。如果有很多条目，需要分类编写，注意逻辑。

3. **说对方想听的**。这点特别重要，文案、报告之所以不通过，关键是没说到点上，没写出对方想要的内容。所以，观察很重要，分析出对方的需求，再给出相应的回应，这样才能得到对方的认可和支持。

4. **不要只顾着说自己想说的话**。不顾对方感受，只说自己想说的话，这是沟通大忌，也是一种不尊重对方的表现。因此，要注意对方到底想要什么，根据对方需求来写，才能保证通过率。

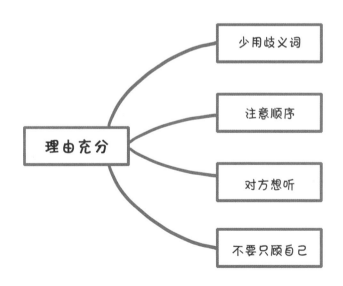

其次，重复检查，保证无遗漏。为了保证上交的材料准确、没有遗漏，写完后还需要进一步检查。如何检查呢？可以从以下几个步骤入手。

1.把内容按照一定逻辑进行分类。比如主观原因、客观原因、性质等都可以，总之看起来要一目了然。

2.进行对比。有时我们写内容是从正反两方面来写，因此在整理的时候可以把两方面进行对比，分条目写，这样看起来非常直观。

3.按照目的区分。比如考察销售业绩，需要区分地区差异，那么就按城市水平对目标进行分类。

γ 一线城市 1000 万元以上

γ 二线城市 300 万元 ~ 1000 万元

γ 三线城市 100 万元 ~ 300 万元

γ 四线城市小于 100 万元

······

按照目的分类，很容易发现遗漏的内容，直接补上就行。

4.求认同。在分类的时候用大众熟知的分类去解释。例如，做总结的时候，强调一个人工作做得好，原因有两方面：一方面在质量上，他保持很高的顾客满意度；另一方面在数量上，他的销售额约占整个部门的四成。这里就用到大众熟悉的"数""量"来进行说明。

再次，分析方法。

1.某事或某事之外。例如，国内和国外、自己和他人、管理层和一般员工等，这种方法就是把想要处理的主要内容和其他内容分成两部分。

2.按照要素查看是否有缺失项目。例如，准备一个会议，先要把会议的几大要素整理出来，如人、事、物、地点等，然后根据不同要素进行填充，这样就不会缺失项目。

3. **按照过程进行分析**。这个适合描述一个事件，或汇报一项工作。先把流程想好，what（干什么）、how（怎么干）、why（为什么）、result（结果）想清楚，然后根据这个流程写出相应的内容，这样就不会乱。

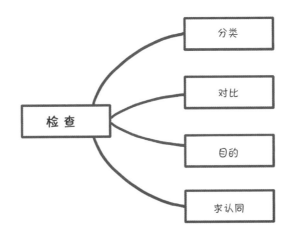

最后，从反向角度思考。任何一个论证都存在悖论，因此要用辩证法进行反向推理，看一看利弊之间有多大差别。

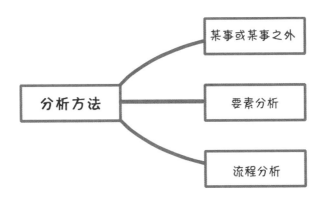

第四步：如何表达

从这一步开始呈现内容，内容要写什么，我们就把它画出来，论点、结论、行动都要列出来，然后开始逐一画分支。

首先是论点选取。也就是说，无论是写文章还是口述汇报，都要有论点支持。这点很重要，相当于我们写文章的核心，或者说思维导图中心图的位置，论点如果选不好，后面内容都会跑偏，文章就白写了。

通常，论点就是问题点。有时是一个，有时是多个，具体问题具体分析。如果是一个，我们就按照正常步骤进行；如果是多个论点，可以一个个写下来，但是具体步骤还跟上面的一样，不要慌乱。举例来说：景区想开展活动吸引游客，那么问题来了，到底要不要开展景区夜游活动呢？从这句话可以看出，摘录论点其实就是"要不要在景区开展夜游活动"。

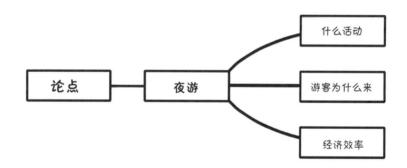

其次，后面要跟上结论。要开展夜游活动，或者不能开展夜游活动，然后写出具体原因。这个理由的顺序也是由主到次，由重到轻。让看文章的人对理由一目了然。

最后，写对策。比如一些方案、总结等。很多读者在递交报告的时候往往会忽视最后一步，没有对策，只把问题和原因分析完就结束了，可是领导通常要看的是你对这件事情的分析，从而判断是否可以对你委以重任。所以，这一步至关重要，千万不要省略。因此，要把具体做法一步一步写下来，越详细越好，且预测结果并给予一定分析。

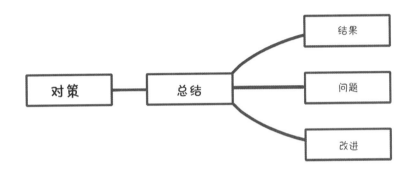

// 思维导图模板 //

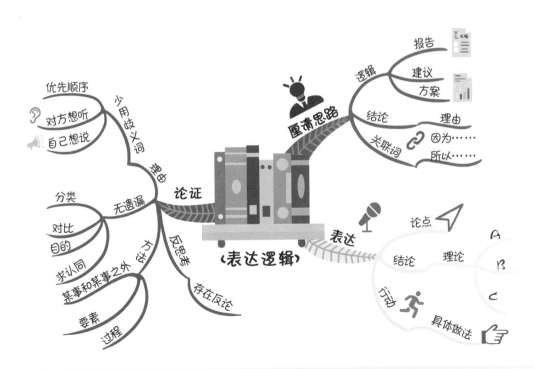

小试牛刀

周一你就要去新单位入职了，需要准备一份自我介绍，如何更有逻辑地介绍自己？试着用思维导图画一画吧！

读书笔记——如何有效阅读一本书？

Wendy 最近想利用睡前一小时好好看看书，但是每当做笔记的时候就会很郁闷，她总想把书里的话都抄下来，抄一会儿又不想写了，就这样反反复复，到最后一本书也没看完。这可怎么办呢？有没有更简单的记笔记方法呢？

读书是自我提升最快的方式之一。以往我们用线性笔记来做读书笔记，虽然记录很多，不过再次翻看的机会很少。但用思维导图做读书笔记就不一样了，首先图形可以帮助我们记忆，其次颜色和图画可以让整个图看起来更生动。最重要的是，画图逻辑清晰，随时翻看都可以轻松掌握书中的内容。

以《林徽因传》为例，我们先看这本书的目录（前半部分），都是以故事的形式呈现出来的，这样我们在做笔记时难度很大，只能把每个故事梗概写出来。

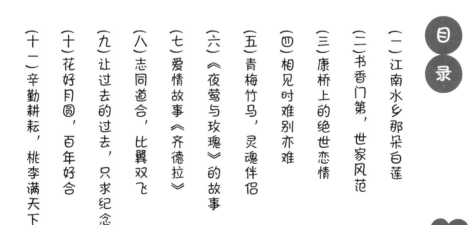

目录

（一）江南水乡那朵白莲
（二）书香门第，世家风范
（三）康桥上的绝世恋情
（四）相见时难别亦难
（五）青梅竹马，灵魂伴侣
（六）《夜莺与玫瑰》的故事
（七）爱情故事《齐德拉》
（八）志同道合，比翼双飞
（九）让过去的过去，只求纪念
（十）花好月圆，百年好合
（十二）辛勤耕耘，桃李满天下

但如果我们换个方式，用思维导图来记录，看看有什么不同。

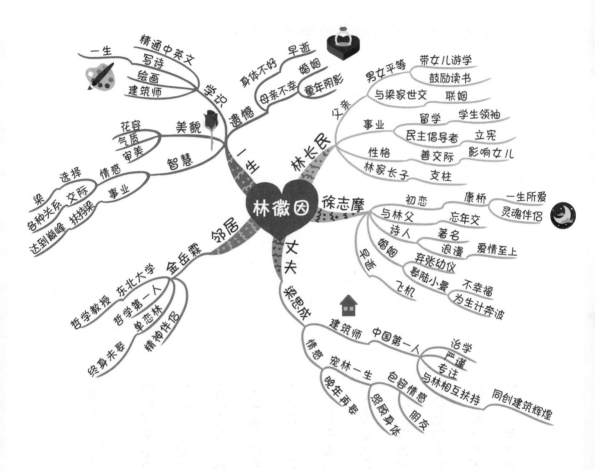

这是以人物为线索记录的故事情节，非常清晰、简单。看见这张图，就可以大概了解每个人与林徽因的关系。是不是比我们记笔记、写故事要方便、轻松得多呢？

下面就把用思维导图做笔记的方法给大家列出来。

第一部分：笔记概述

要把书的内容概述出来。第一，一张图，一本书，看一张图就能了解一本书的全部内容；第二，按照一定的逻辑整理；第三，关于读书笔记其实有两种，一种是内容全述，也就是画框架，边写边画，另一种是理解要点，看完以后按照自己理解的逻辑画图，无须记录书中的所有内容。

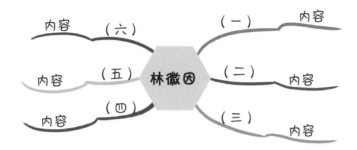

第二部分：全面概述

把书的整个内容画出来。例如，教科书或者一些理论性比较强的书，很生涩难懂，就可以采用这样的方式来画图。

第一个分支。我们要明确读书的目的及总论点，这样后面的内容才会围绕这本书的主题去讲。

第二个分支。要讲出一些概念，一般第一章是综述部分，后面的分支就是各分论点。后面可以继续画分支，根据需要，越详细越好。

以《市场营销》这类专业书籍为例：

第三部分：自我总结

自己理解，整理出要点。本书中并不是所有内容都是有用的，所以我们只要把重点摘录出来就好。首先还是要明确读书目的，也就是你到底想要通过这本书获得什么，这个非常重要，如果你不明确的话，画出来的图可能会跑偏。其次是梳理出书中的观点，第一、第二、第三点要列出来，后面还可以加上解释。最后要做总结，书中的观点对你有哪些启发，写在后面。

第四部分：如何选择

首先看目的，你是要解决一个问题，还是要通读这本书。如果你想解决生活中的一个问题，就看书中观点，选择对自己有用的信息进行整理。如果你想了解这本书在讲什么，一些大部头的书，如《乌托邦》《人类简史》等，就可以选择通读全书。其次是培养读书的习惯，并且尽量不要打破。最后是关于书的类型，若是观点类书籍，则要进行一个总结，比如学习方法这种观点类的书；若是知识类书籍，讲一个技能、一个概念，则尽量全面地看，这样会对知识掌握得更透彻。

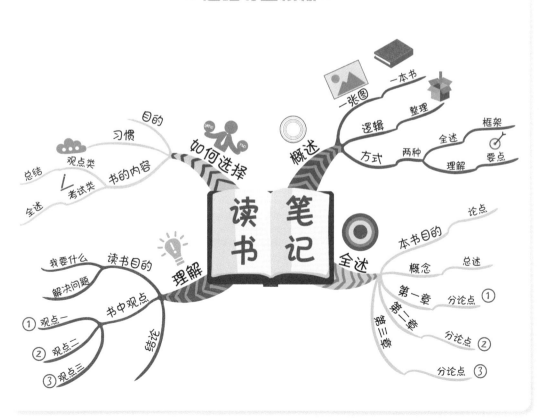

// 思维导图模板 //

小试牛刀

选择一本你目前正在读的书，按照上面的步骤，利用思维导图做读书笔记。

新媒体写作——从提笔就慌到提笔就写

Sunny 在上学的时候就喜欢写作，但工作几年后没再坚持，就都荒废了。她辞职在家带孩子后感觉很空虚，想把写作重新捡起来。只是看着各种新媒体文章、爆款文章层出不穷，跟传统纸媒的方式完全不同，她不知道该从哪里入手。

在人人都是自媒体的时代，新媒体写作似乎成为必不可少的技能，无论是公司岗位招聘还是个人宣传，会写作的人都会略胜一筹。这里提供一个写作框架，大家可以根据写作内容在后面填充，非常便捷。

第一部分：概述

1. **写作目的：文章要有用**。文章是给哪类读者看的，就要让这类读者感受到价值。

2. **写作特性：文章必带的属性**。当你在写文章的时候，可以看看自己的文章是否具备这些属性。

  γ 互动性：文章要尽可能有互动性，比如做一些读者活动，或提示大家需要回答问题或进一步思考等，增加读者的参与感

  γ 时效性：一般新媒体文章寿命都很短，属于新闻热点，时效性往往在 24 小时之内。所以写这类文章一定要快，出现新闻马上写

  γ 传播力：写新闻热点很容易让读者通过热搜发现，自带流量

  γ 风格化：文章既要符合新媒体文章的结构，又要有一定的个人风格

γ 共鸣：任何文章如果不能引起共鸣，就一定不是好文章

第二部分：选题公式

1. **逆向思维选题**。比如《这类孩子看起来很聪明，长大后却容易没出息》。

2. **热点＋痛点**。这种选题比较常见，比如《疫情灾难下：请保持理性，不要再加入乌合之众的狂欢》。

3. **情绪表达**。情感类，比如《我很累，但我无路可退》。

4. **热点引用**。比如《"直播吃肉半年，胖 80 斤去世"：以为钱好赚，害惨了多少年轻人》。

5. **数据引入**。比如《身体被敲断 4 次，"折叠" 20 多年的他终于站起来了！》。

6. **名言警句**。比如《人生若只如初见，那该多好》。

7. **身边案例**。比如《29 岁辞职，生日那天他决定用尽积蓄追逐新人生》。

第三部分：写作方法

1. **阅读**。只有见过好文章，才能写出好文章，所以第一步要大量阅读好文章。接下来分两步，一是模仿之前看过的文章，二是拆文章——拆分出文章的提纲和结构。

2. **结构化**：写文章的时候要按照一定的结构来写，这样比较容易，逻辑也清晰。一般为下面几种结构。

γ 核心内容 3 段或 4 段，再加上开头、结尾，就是一篇文章

γ 一般以 3 个故事为主

γ 在故事中间穿插道理分析

3. **写擅长领域**。如果你有医学背景，那尽量写医学类新媒体文章；如果你是一位母亲，尽量写亲子类文章。

4. 写作逻辑。

γ　并列关系：每段 500 字左右，每个段落均可独立成型

γ　递进关系：逻辑性非常强，一般由浅入深探讨文章

第四部分：建立素材库

1. 按照渠道收集写作素材。 身边故事、热点新闻、微博热搜、知乎排行榜、电视节目、朋友圈等都是可以挖掘的素材，把这些素材罗列出来分类放好，写的时候直接用。

2. 多读书。 读书要从 3 个角度来看，首先明确读书目的，也就是你为什么读书；其次要做读书笔记，前面我们已经介绍过用导图做笔记，当然好的金句也要记录下来；最后要看作者情况，尽量选择大家的书，质量有保障。

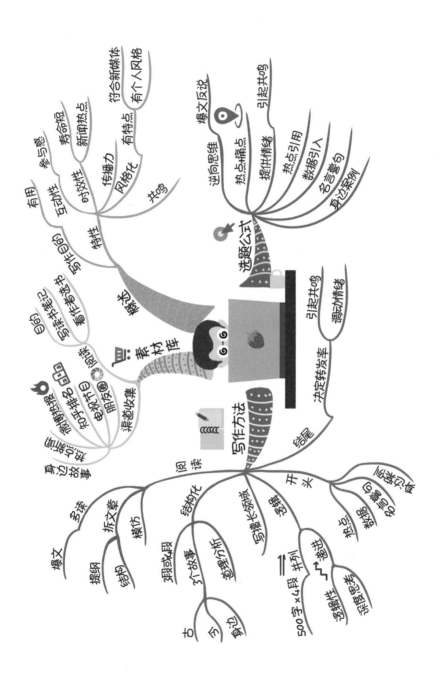

概述

写作表

看书表选书
写读书笔记
目的

特性

有用
互动性
时效性
传播力
风格化
共鸣

参与感
寿命短
新闻热点
有特点
符合新媒体
有个人风格

素材库

渠道收集
朋友圈
电视节目
知乎排名
微博热搜
语音素材
身边故事

目的

选题公式

逆向思维
热点痛点
提供情绪
引起共鸣

爆文反转
引起共鸣

热点引用
数据引入
名言警句
身边案例

写作方法

结尾
决定转发率

引起共鸣
调动情绪

阅读
写作文章

爆文
多读
提纲
结构
拆文章
模仿

结构化
查理芒格
3个故事
3观武器

写擅长领域

开头

逻辑
热点
数据
金句精彩
新颖观点

500字×4段
逻辑性
深度思考
并列
递进

古
今
身边

小试牛刀

结合最近的热点新闻事件，写一篇新媒体文章。运用上面的方法，使用思维导图梳理思路，看看你能否写出一篇高点击率的文章。

应用文写作——如何写出让领导满意的文章?

Kevin毕业后进入国企工作,领导看他性格比较好,让他负责宣传方面的工作。但是,他是理工男,组织活动还可以,一到写文章就不行了,这让他非常头疼。而他所负责的工作,每周都要写一篇文章,所以他想要学习如何在短时间内提升应用文写作的能力。

应用文写作在党政机关、国企、事业单位,以及一般公司都会遇到,形式多样化,每个单位的具体要求不同,内容和格式也略有不同,但写作逻辑和思路是一致的。这里教给大家一个模板,直接套用就可以快速提升写作能力。

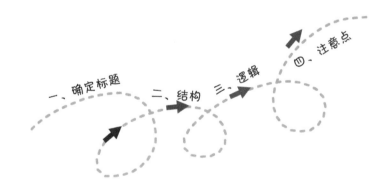

第一部分:确定标题

确定标题就相当于确定文体,因为公文类型很多,而且文章写作比较格式化,所以确定类型非常重要。

公文分类如下。

1.日常公文:通知、决定、请示、公告等。

2.事务性公文:计划、总结、述职报告、工作汇报等。

3. 规章制度：细则、规定、章程等。

4. 会议文书：会议方案、会议记录、会议开幕词等。

5. 交际礼仪：证明信、道歉信、邀请函等。

6. 商务贸易：报价函、催款函等。

第二部分：结构

结构一般会采用总分总结构，个别情况采用总分结构。

第三部分：逻辑

1. **水平思考**。比如我们要去旅游，现在有很多目的地可以选择，而每个目的地的关系都是并列的，没有连接，这时就需要水平思考，列举范围越广，可选目的地就越多。

2. **垂直思考**。一旦选定某个景区后，围绕这个景区要做深入探讨，比如周边住宿、相关景区游览、餐饮等都要考虑在里面，这时候要围绕一个主项做延伸，这就是垂直思考方式。

3. **分类思考**。学会把找到的素材和内容进行分类。

第四部分：注意点

1. 格式：公文有自己的格式，一定要按规定写。

2. 要用书面用语。

3. 文件号：有的有文件号，有的没有，要注意一下。

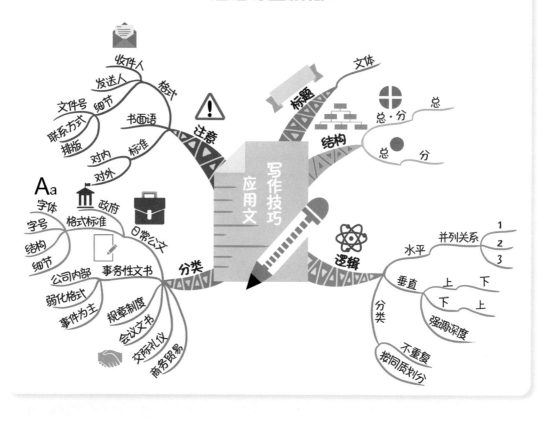

小试牛刀

    按照上面的方法，写一篇周工作总结，并以思维导图的形式进行思考与呈现。

04

第四部分

能力塑造——高效能
人士打造训练

第六章

个人能力分析——发现自我提升的阶梯

ⵊ 挖掘个人潜能，找到立足职场的关键优势

李峰从小就属于扎在人堆里不显眼的人，平平的相貌、平平的家境、平平的工作、平平的能力。年近三十的他，突然开始恐慌，希望在职场和生活中改变一下，找到自己的优势。

每个人都有独特的潜能，能不能发掘，取决于对自己的了解程度。利用思维导图，可以更好地了解自己，从而挖掘出自身的潜能。

第一部分：属于哪种类型

按照个人能力划分类型，例如，你属于学霸型还是社交型，实干型还是领导型。

第二部分：你的天赋

指的是你的爱好，以及擅长什么。例如，你的爱好是看书，擅长写作，那么完全可以开设原创公众号，既满足了自己的爱好，又能获得商业变现。

完善下面的思维导图，帮助小李发现他的天赋所在。

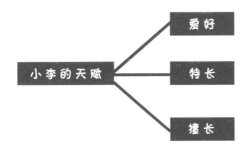

第三部分：你渴望成为什么样的人

这点至关重要，心中的目标会像灯塔一样照亮你，你会朝着这个方向去努力，这就是你与他人不一样的地方。

第四部分：找到潜力

潜力包含三部分，一是知识储备，搭建知识架构，这一点之前已经讲过；二是你的技能储备，如编程、短视频剪辑等；三是性格，即你的性格是否与可挖掘的潜能相匹配。

第五部分：补充能量

你想在哪些方面补充能量？可以详细列出来，作为一个爱好，要补充哪方面的能量？作为一个职业发展方向，要补充哪些能量？在后面画出来。

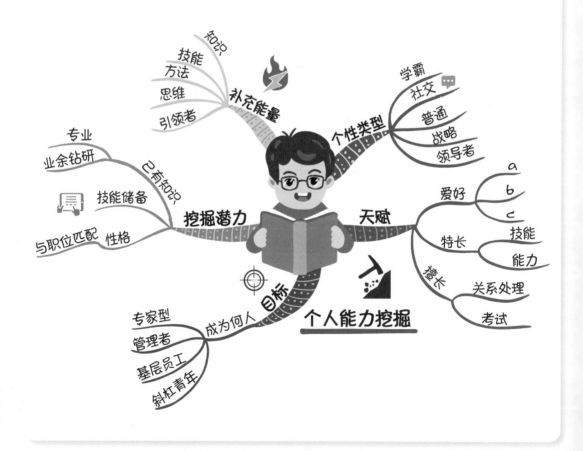

小试牛刀

为了在职场更好地发展，我们需要认真分析自己的优势，并进一步考虑未来的发展方向。接下来，利用思维导图认真总结一下吧！

个人综合素质分析图

为什么要做个人分析？如果我们对自己都不了解，怎么可能做出改变呢？如果你对现状不满，想要改变，首先要学会进行自我分析，而思维导图可以全面分析个人的综合素质，从而帮助你更好地认识自我。

第一部分：你的基本情况

基本情况包括你的地域、血型、星座、毕业学校、专业、学历等一系列情况。这些基本情况可以判断你的个人特质，如性格、习惯等。

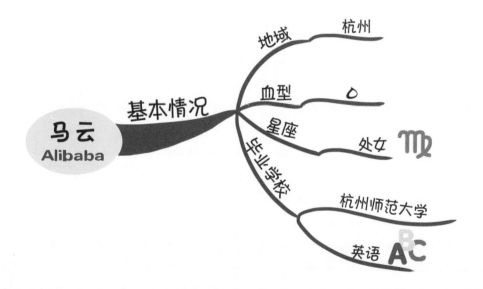

第二部分：你的工作状况

写上你曾经的工作单位及职位，工作年限是多久，有没有一些重大的事件，比如成功和失败的案例，越详细越好。

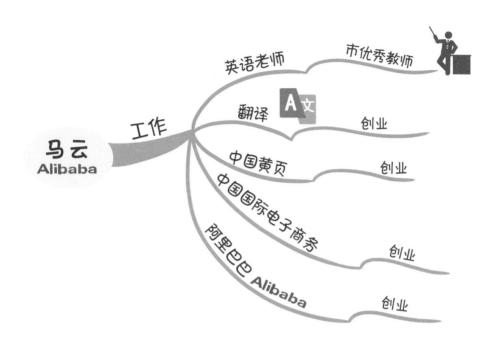

第三部分：你的爱好

一个人的爱好决定了他的朋友圈，还会影响他的生活质量及精神状态，所以爱好是非常关键的，如果没有爱好，则需要认真挖掘与培养。

第四部分：你的信仰

信仰包括宗教信仰和笃信的人或事。

第五部分：你的愿景

愿景包括两部分，一是生活状态，例如，你目前是单身状态，想要实现怎样的生活状态；或者是两个人生活，希望实现怎样的生活状态；抑或是三口之家，想要达到怎样的生活状态。二是职业状态，你想在几年内晋升到什么岗位？或者想换一个行业，或者要达到怎样的收入。

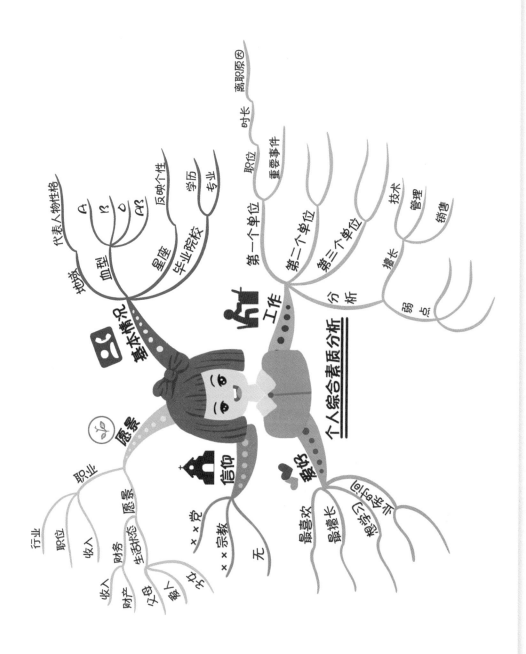

个人综合素质分析

基本情况
地域
血型
代表人物性格
A
B
O
AB
反映个性
星座
毕业院校
学历
专业

工作
第一个单位
第二个单位
第三个单位
职位
时长
重要事件
离职原因
分析
擅长
弱点
技术
管理
销售

愿景
职业
行业
职位
收入
财务
生活状态
愿景
收入
财产
父母
爱人
子女

信仰
××党
××宗教
无

爱好
最喜欢
最擅长
想学习
未来想做

小试牛刀

结合上面所讲的方法，给自己做一张个人综合素质分析图吧！

07 第七章
个人 IP 塑造——你的品牌价值百万

IP 分析与自我定位——锁定自己的发展方向

在提倡副业的时代，身边很多朋友都想做一个"网红"，小张就是其中一位。现在我们给小张做个定位吧。

女，28 岁，时尚开朗，公司文员。

接下来，我们就此进行具体分析。

第一部分：IP 的解释

IP 是一种符号、一种价值观，具有共同特征的群体、自带流量的内容。

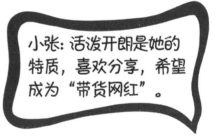

小张：活泼开朗是她的特质，喜欢分享，希望成为"带货网红"。

第二部分：IP 的作用

大 IP 对民众来说具有某种信任度，就是信任背书，比如你喜欢的明星代言某种产品，你可能就会去买。另外，IP 还能带来商业价值转化，比如疫情期间，很多实体店都转向了网络直播，这类直播带货都属于商业转化。再如，很多知识流量的大 IP，如樊登、罗振宇，他们都能够轻松实现流量变现。

第三部分：发现自我特质

主要分析自我特质，例如，你平时主要使用哪些社交平台，活跃度是多少，以及你的性格适合哪些平台。例如，你是一个内向的人，对你来说，做短视频并不容易，那么可以通过写文章的形式进行分享。找到自己的特质，然后进行准确的定位。

第四部分：定位自己的 IP

1. **爱好型**。要挖掘自己的爱好，也就是说你到底有哪些特长，毕竟只有喜欢的事才有动力坚持下去，做好做精的可能性也更大。例如，你喜欢美食，能做一手好菜，那么可以把自己打造成一个热爱生活的形象。

2. **知识型**。比如你喜欢读书，喜欢分享知识，表达个人观点与价值观，那么可以从这方面进行自我定位。

3. **形象型**。有些女孩子很漂亮，男孩子很帅气，这种以形象为主打的个人 IP，可以变现的渠道很多，如卖化妆品、服饰等。

4. **搞笑型**。如今人们的工作压力很大，回到家之后就想看点开心的视频，因此搞笑型的 IP 也非常受欢迎，可以通过短视频或直播的形式进行宣传。

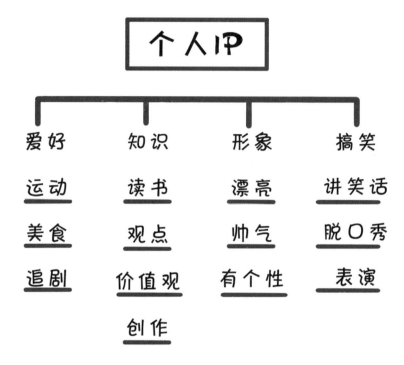

第五部分：如何做得持久

建立个人 IP，扩大影响力，是一场持久战，不能寄希望于通过一个爆款产品走红。做内容首先需要持续更新，同时你所提供的内容要有价值，一定要坚持原创；其次要学会互动，与用户产生共情，并让对方有参与感；最后要与用户做朋友，以朋友的方式与他们相处，而不是总想着把东西卖给对方。

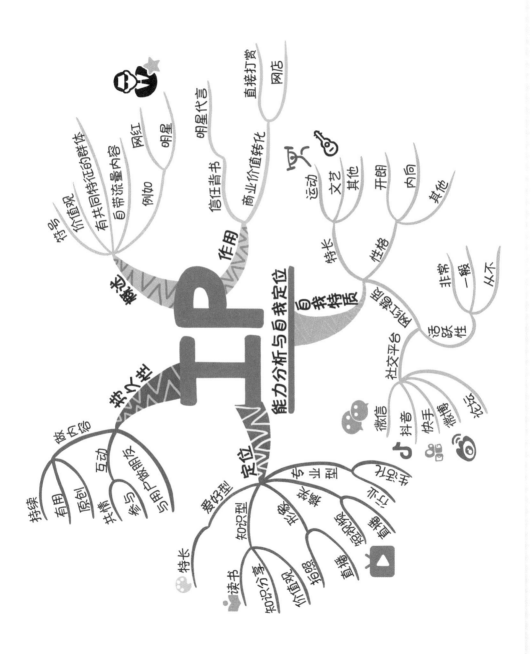

IP

能力分析与自我定位

概述
- 特点
  - 价值观
  - 有共同特征的群体
  - 日常流量内容
  - 例如
    - 网红
    - 明星

作用
- 信任背书
  - 明星代言
- 商业价值转化
  - 直接打赏
  - 网店

自我特质
- 特长
  - 运动
  - 文艺
  - 其他
- 性格
  - 开朗
  - 内向
  - 其他
- 擅长社区
  - 非常
  - 一般
  - 从不
- 社交平台
  - 微信
  - 抖音
  - 快手
  - 微博
  - 活跃性
  - 陌陌

媒介形式
- 做内容
  - 原创
  - 共情
  - 有用
  - 持续
- 互动
  - 参与
  - 与用户做朋友

定位
- 爱好型
  - 特长
  - 读书
- 知识型
  - 知识分享
  - 价值观
  - 拍照
- 颜值型
  - 直播
  - 直播
- 搞笑型
- 专业型
- 技能型

小试牛刀

按照上面的方法，利用思维导图进行一次能力分析与自我定位。

快速打造个人品牌的方法与技巧

2020 年，个人品牌迅速崛起。无论是网红还是明星，都开始走个人品牌路线，因为这是变现最快的方式。今天，我们就讲一下快速打造个人 IP 的方法与技巧。

第一步：个人品牌的概念

1. 强调个人品牌的重要性。

2. 树立个人品牌的方法。一种是创造属于自己的故事。另一种就是确立自己独特的身份，比如你的从业经验、特殊技能，这些都会帮你塑造与众不同的身份标签。

3. **真实性**。个人品牌注重的是个人的真实性，以及原创内容。

4. **多面性**。做个人品牌的时候，要把自己的各个角度都展示出来。假如你是一位老师，你可以展示你的专业度，同时还可以把生活的一部分展示出来，例如，你的兴趣爱好，这样就不会显得枯燥无趣了。

第二步：推广

1. 网络平台。互联网时代给了我们宣传自己最好的平台，可以从多角度推广，下面简单罗列 3 个方面。

    γ 文字。选择当下最有影响力的平台，例如，知乎、头条、公众号……多平台进行宣传

    γ 音频。如果你的声音很好听，可以录制音频内容，放到喜马拉雅等音频平台

    γ 视频。这是目前最火的、传播度最高的方式之一，抖音、快手、小红书等都是不错的平台，宣传效果要好过前两种方式

2. 分析。

    γ 数字化。我们可以举很多例子，例如，一年培训了多少人，卖出了多少本书，产品销量是多少……最好有一个形象化的数字，让客户有一个形象化的感受，这样更加直观，效果也更好

    γ 谷歌工具分析。这是一个专业的工具，大家到网上搜一下就可以

γ 网络平台。比如微博、抖音等，都会有一些数据的呈现

γ 不要作假。如今很多IP都是虚假流量，非常不建议这样做

γ 要了解用户。所有的宣传、话术、内容都要针对用户需求去做，不要自己凭空想象

γ 扩大人脉圈。认识所在领域的大咖、前辈、粉丝，逐渐建立自己的社交圈

γ 内容互动。例如，线上社群互动，线下举办沙龙、茶话会等。不仅要自己举办活动，也要多参加别人举办的活动，同时要学会提问，这样才可以学到更多的内容

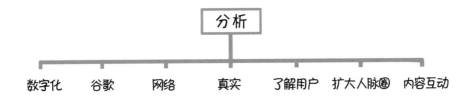

第三步：个人品牌维护

这一点也非常关键，如果我们把产品卖出去了，但是售后跟不上，产品口碑很快就会垮掉。所以维护个人品牌是非常重要的一件事情。

1.在你有成就的时候，要做到以下几点。

γ 遵守规则

γ 有趣。利用有趣的内容持续吸引粉丝及付费者

γ 高效率。做事要快，这样才能跟上变化的步伐

2.危机出现。危机处理是维护个人品牌中非常关键的一环。

γ 保持谦虚。任何时候都要谦虚，危机的时刻更要态度谦虚，让对方先看到我们有一个良好的态度

γ 真实呈现。不要说谎，诚实告知自己当下的情况，认真分析出现这种情况的原因，最重要的是下一步如何解决

3. 修复。一旦出现危机，我们要学会如何修复，可以从下面几点入手。

γ 上课学习

γ 做公益提升口碑

γ 尽最大努力

γ 休假调整

4. 维护评价。作为一个公众人物，评价非常重要，所以要不断地创造价值，让关注者给予更好的评价。

γ 不断更新目标。更新目标就是对于粉丝的一种赋能，更新要有持续性，要不断地去回顾目标实施的情况，并及时调整

γ 找到适合自己的路。不要一味模仿，要坚持走自己的路

γ 保持竞争优势

γ 随时更新内容

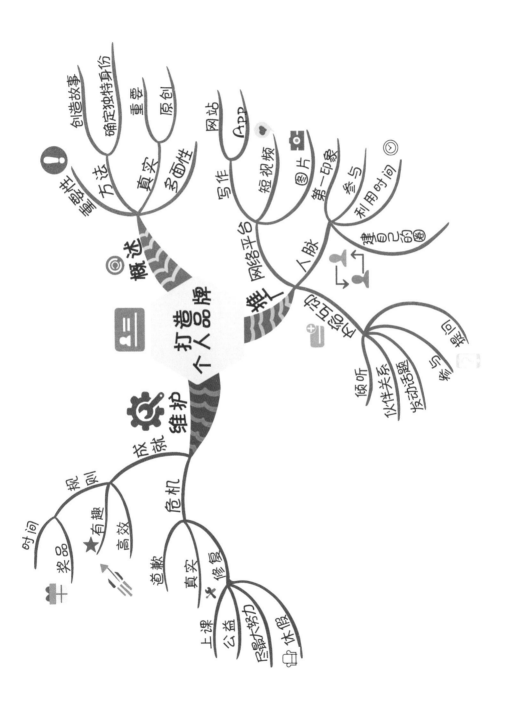

打造个人品牌

概述
- 方法
  - 创造故事
  - 确定独特身份
- 真实
  - 重要
  - 原创
- 多面性
- 塑造

推广
- 网络平台
  - 写作
    - 网站
    - App
  - 短视频
  - 图片
- 人脉
  - 第一印象
  - 参与
  - 利用时间
  - 建自己的圈
- 设互惠区
  - 倾听
  - 伙伴关系
  - 发动话题
  - 与
  - 回报

维护
- 成就
  - 规则
    - 时间
    - 奖品
  - ★有趣
  - 高效
- 危机
  - 道歉
  - 真实
  - 修复
    - 上课
    - 公益
    - 尽最大努力
    - 休假

小试牛刀

　　假设你正在经营一家自己的服装小店，希望成为一个知名穿搭博主，快给自己设计一套打造 IP 的方法吧！

第八章

08 自我效能提升——如何成为高效能人士？

⛏ 打破知识框架，整理知识体系

前几天朋友聚会时，一个朋友面容憔悴，聚到一半就走了，问了其他人才知道，她最近压力特别大，白天上班，路上听着各种知识付费课程，下班后又赶去线下参加活动，交流学习经验，每天忙得看不到人。回家后还要把工作重新梳理一下，经常加班到深夜。周而复始，不仅能力没提升多少，反而精力、体力大不如前，导致工作效率下降。

她的问题到底出在了哪里呢？

上学的时候，各个专业是分科目的，不需要我们自己整理学习内容，只要跟上老师的步伐就可以获得不错的成绩。但工作不一样，是自主学习，这时候如何筛选和整理知识、合理利用时间，就成为我们应该关注的重点了。

随着知识的传播速度越来越快，大家都想迅速获得新知识。现阶段，知识传播的速度远远超过我们学习知识的速度，所以这个时候选择学什么、在大脑中搭建一个属于我们自己的知识体系就显得尤为重要。否则所学的知识都是碎片化的，变成了被动的输入。这就会让我们很疲惫，感觉所学的东西用不上，要学的内容太多，似乎永远也学不完。

那么，如何通过思维导图搭建自己的知识体系呢？

第一部分：确定搭建体系的方向

1.**建立学习目标**。也就是说，你为什么要学习？你想学到什么东西？这非常关键，因为知识太多，比如英语、法律等专业类内容，或者大数据、直播等知识类内容，看似都很有用，实则很多内容都是暂时不需要的，或者说是与你的工作无关的。这些内容到底要不要学？筛选方法就是通过明确学习目标来确定。

2.**我要成为什么样的人**。这个也很关键，比如你要做一名管理者，那么专业知识只是你的一部分，领导力、心理学、团队建设等相关的知识都需要去学习。

第二部分：梳理已有知识

首先要把已有知识进行分类，一是你的学科基础，也就是你的专业；二是兴趣爱好，你到底喜欢做什么，想要从事什么职业；三是交叉的内容，也就是你的学科和兴趣、职业这三点相互之间有没有交叉的内容，如果有，把它列出来，比如都属于历史范畴，或者都属于技术类，找到交叉的内容，将它们画在后面。

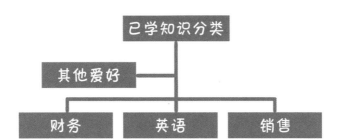

第三部分：应用场景

知识通常是有应用场景的，按照这样的逻辑把题目列出来，可以检验你在某种场景下缺失哪些必要知识。例如，汇报工作的时候，发现自己的表达能力欠缺，就可以将它们列出来，方便进行相应的学习。

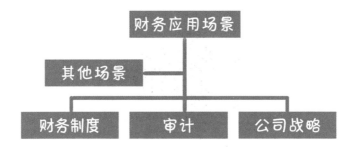

第四部分：做补充

首先发现你的短板，再看这个短板到底需不需要去完善，比如你的语言表达能力不好，但你的工作对表达能力要求又很高，这就需要尽快提升；如果你的语言表达能力不好，但是你的职业是一名插画师，很少用到表达能力，而且你也不想改，那就可以暂时忽略这个短板。因此，在思维导图中要标出你的短板到底有没有影响。其次要找到你的优势在哪里，要极力发挥优势。你需要深度挖掘你的优势，看看还可以延伸出哪些特长，这些内容都要在后面画出来。

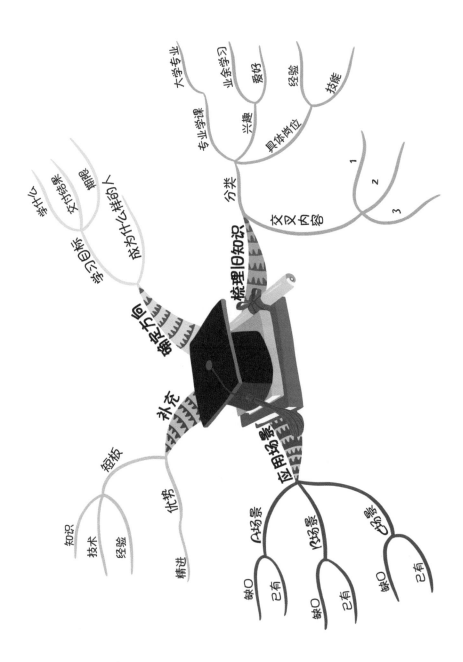

梳理旧知识
分类
大学专业
专业学课
业余学习
爱好
兴趣
具体岗位
经验
技能
定义内容
1
2
3

确定方向
成为什么样的人
学习目标
学什么
交付结果
期限

补充
短板
知识
技术
经验
优势
精进

应用场景
A场景
缺O
已有
B场景
缺O
已有
C场景
缺O
已有

小试牛刀

根据上面的方法，搭建自己的知识体系。

制订工作计划——没有计划的人，一定会被计划掉

没有计划的人，一定会被计划掉，因为工作效率太低，被淘汰是早晚的事。对于不擅长做计划的人，接下来的内容一定要好好学习，因为它能让你的职业生涯再上一个台阶，最低它可以保住你的工作。

第一步：设计目标

目标设计非常关键，一般分为本月目标、本周目标及当日目标。当然你还可以分得更详细一些，只需要不断地往后延伸即可。

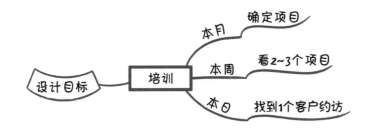

第二步：人员安排

这一步很关键，涉及人事，前提是你是一位团队管理者。人员安排好，工作效率自然会提高。

1. 业务人员。每个业务人员的后面写上他们的工作职责、负责区域等。

2. 文案人员。把他们负责的某一部分的文案列在后面，同时要写好时间节点及对于文案的要求。这样在执行的过程中才会有标准可依，尽量多画，越细越好。

3. 支持团队。如果有就写在后面，没有可以不去管它。

4. 业务情况。根据团队的实际情况，把业务进行细分，负责团队、负责区域业绩、时间区间、负责人……列得越详细，后面执行力越强。

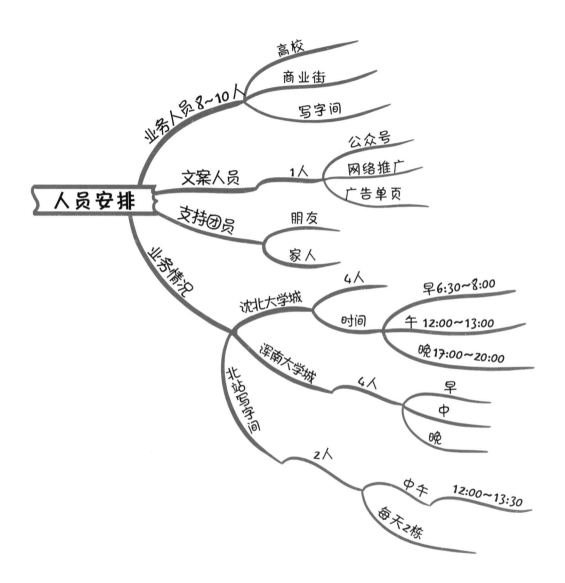

第三步：问题

　　不断提出问题是让工作持续精进的最好办法，不管项目进行得多么顺利，我们都要在项目进行的过程中不断地去寻找问题、解决问题。在思维导图中就要把问题一一分类，解决问题的方法都写在上面。

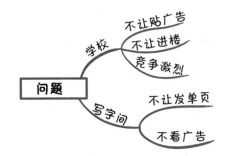

第四步：重点

任何工作都有最重要的部分，所以我们要把最重要的部分列出来。

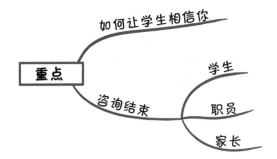

第五步：活动内容

例如，开会、团建，还有一些空余的时间可以待定，做其他的事情。

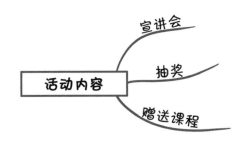

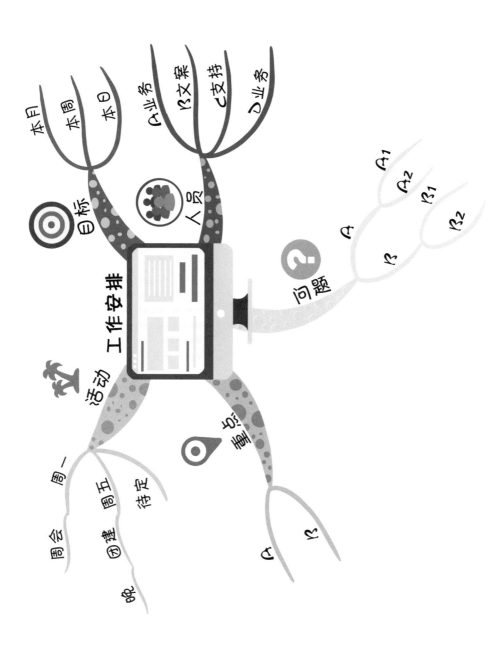

小试牛刀

针对最近一个月的工作安排，利用思维导图设计自己的工作计划。

思维导图清单法——如何筛选重要内容？

现在很多人都会使用清单把每天要做的事情列出来，然而有时候列完会发现其实并没有达到我们想要的效果，因为很多事情根本完不成，清单也就流于形式了。

下面介绍一种思维导图清单法，通过思维导图筛选重要内容，从而更好地帮助大家完成清单上的任务。

第一步：按照时间设计

早上、上午、下午、晚上，将每一段时间要做的事情列出来。注意，并不是罗列所有事情，而是最重要的 1~3 件事。

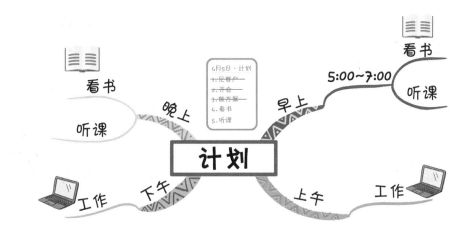

第二步：根据事件的重要性进行分类

最重要的事情排在最前面，还可以利用一些醒目的颜色标注出来。

第三步：按照时间节点分类

每一个时间段需要完成哪一项任务，都一一列出来。

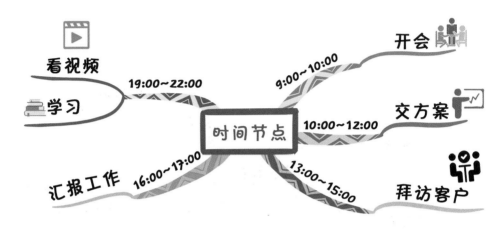

第四步：清单减法

所谓清单减法，指的是将各种事项都列出来，每完成一项就划掉一项。

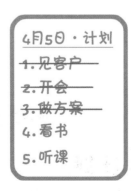

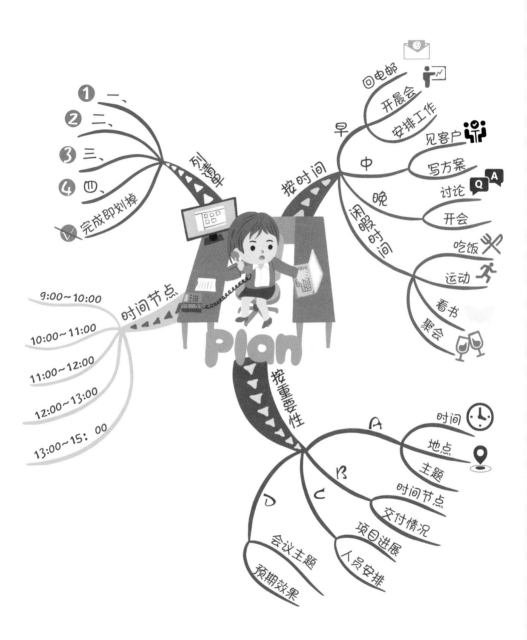

① 一、
② 二、
③ 三、
④ 四、
× 完成即划掉

列表单

回电邮
开晨会
安排工作
见客户
写方案
讨论
开会

早
中
晚
闲暇时间

按时间

吃饭
运动
看书
聚会

时间节点

9:00~10:00
10:00~11:00
11:00~12:00
12:00~13:00
13:00~15：00

Plan

按重要性

A
B
C
D

时间
地点
主题
时间节点
交付情况
项目进展
人员安排

会议主题
预期效果

小试牛刀

与当日工作清单结合，把一天的工作计划设计成思维导图。

思考方式——不断接近问题本质

Jack 是某广告公司的策划，刚入职一年，工作非常认真负责，但是每次递交的方案都会被领导打回来返工，这让他很郁闷。领导总是说："你的思路不对，不能总在一个点上绕圈。"每一次都是领导帮助他修改。

接下来，我们就帮助 Jack 梳理一下思考方式，从而让他把方案写得更好一些。借助思维导图进行思考，一般分为输出内容与输入内容两种情况。

第一部分：输出内容

输出内容时，一般有以下 3 种方式。

1. 水平思考。简单来说，就是大脑从多渠道获取信息，从而保证思考的全面性。追求的是广度，而不是深度。

举个例子，大家讨论今晚吃什么，有火锅、烤肉、炒菜、饺子、春饼等不同种类的菜肴。这就是水平思考的内容，多角度阐述。

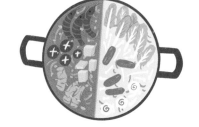

2. 垂直思考。指的是逻辑化、结构化的严谨思考，侧重于某一个方向的深度探索。

逻辑关系：由上到下或者由下至上，一定是纵向延伸。

单种类：只能说一件事。比如吃饺子，有韭菜馅、酸菜馅、牛肉馅等，都是饺子的品种。

同一个角度，要求深度要深。

3. 分类思考。如按照性质、地域、时间、性

111

别、年龄等方式分类，便于整理。

第二部分：输入内容

输入内容一般是指在听课、学习、开会等场景中，听别人讲。这时候不同的思考方式就会产生不同的收听效果，我们一起来看看吧！

1. **淘金式**。所谓淘金式，就是在大脑中有一个加工过程，而不是给什么内容就接收什么内容。

- γ 主动式接收：在接收知识的时候，大脑会主动提问，并根据大脑的路径寻找相应的答案
- γ 加工萃取：在接收很多答案后，大脑开始加工筛选，留下有用的答案，去除无用的答案，并对留下来的答案进行整理归类，形成自己的内容

2. **海绵式**。这个思考路径大部分人都有，即给什么知识就记下什么知识，看似非常认真地记笔记，实则没有通过大脑思考，这也是很多非常用功的学生成绩却一直上不去的原因。

- γ 被动式输入：对方给什么就接收什么，按照对方路径走
- γ 按部就班：盲目守规矩
- γ 记忆：没有自己理解的过程，完全记录对方的信息

思考方式

输出时

水平思考
- 并列关系
- 多种类
- 不同角度

垂直思考
- 逻辑关系
  - 上→下
  - 下→上
- 单种类
- 同一角度
- 要求深度

分类思考
- 性质
- 地域
- 时间

输入时

淘金式
- 提问
  - 找答案
- 主动
- 萃取
  - 总结

海绵式
- 被动
- 吸入型
  - 接受被灌
  - 记忆
  - 普通

小试牛刀

　　前面我们已经进行过相应的训练，接下来我们针对 Jack 的问题，帮助他设计一份完美的活动策划方案。假设 Jack 的公司要举办年会，领导让他出一份方案，你能帮他设计吗？

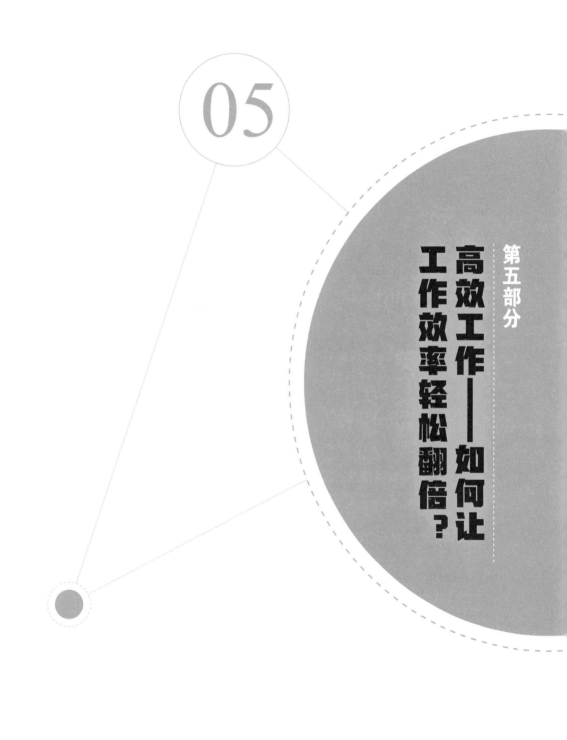

05

第五部分

高效工作——如何让
工作效率轻松翻倍？

第九章

09

时间管理——充分利用你的每一分钟

番茄工作法——教你有效使用每一分钟

番茄工作法是非常实用的时间管理方法，无论是学生还是职场人士，都可以通过该方法提高学习或工作效率。为了提高效率，在利用思维导图讲解番茄工作法的时候，一定要加上相应的表格。下面讲一下具体应用。

第一部分：概述番茄工作法

25 分钟为一个番茄钟，中间可以休息 5 分钟。

第二部分：使用方法

首先需要两张纸，第一张纸列上任务表，写上今天你想完成的事情，第二张纸写上今天必须完成的事情。其次就是做一个标注，每件事的后面列上需要几个番茄钟。

由于篇幅限制，我们设计了一个表格，在实际应用

过程中，如果任务比较多，则可以分别列在两张纸上。

当日清单			
序号	事件	番茄钟	备注
01			
02			
03			
04			
05			
今天必须完成的事			
序号	事件	番茄钟	备注
01			
02			

第三部分：如何执行

第一，专注工作。第二，中间要设定 5 分钟的休息时间。第三，学会如何控制。

关于第三点，对于学生来说，专注于一个 25 分钟的番茄钟并不难，但是对于职场人士来说，每天要做的事情很多，经常会出现被打扰的情况，那么为了避免分心，顺利完成一个番茄钟的时间，就一定要学会控制。例如，一些简单的任务可以集中在一个时间段做，比如打印、拿东西等，这样就不会造成没必要的分心；如果是别人找你帮忙，不是特别紧急的情况，可以通过协商，在当下这个番茄钟结束之后再帮他们完成；也可以通过计划的方式，例如，下午 3 点给客户回复邮件，如果暂时无法决定，可以先给对方一个答复，告诉他们晚些时候再定。

第四部分：修复点

一是要好好休息，休息好才能高效工作。二是定期回顾，是否严格按照番茄钟执行、效率如何等，可以结合《番茄记录表》进行记录与复盘。

番茄记录表			
序号	事件	预计番茄钟	实际番茄钟
01			
02			
03			
04			
05			
计划外的紧急事件			
序号	事件	番茄钟	备注
01			
02			

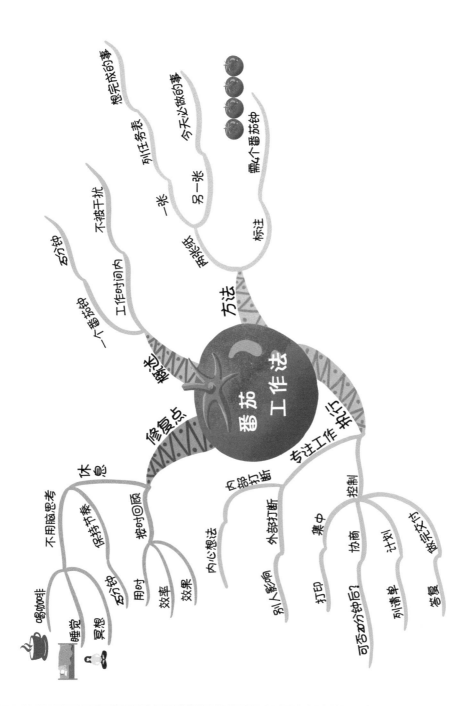

番茄工作法

方法

概述

修复盲点

专注工作执行

想完成的事

今天必做的事

需4个番茄钟

列任务表

一张

另一张

标注

隔离法

不被干扰

工作时间内

5分钟

一个番茄钟

休息

不用脑思考

保持节奏

5分钟

用时

按时回顾

效率

效果

内心想法

内部打断

外部打断

集中

控制

协商

计划

做完交付

引人影响

打印

可否20分钟后？

列清单

答复

喝咖啡

睡觉

冥想

小试牛刀

利用番茄工作法与思维导图结合，解决一个你目前工作中遇到的问题，并记录时间。

⛩ 四象限工作法——再也不用担心任务太多

四象限工作法是非常经典的时间管理方式之一，用象限的形式表示出来。为了让读者更直观清晰地了解这个方法，我们把它画成思维导图。

第一部分：重要又紧急的内容

以处理客户投诉为例，这类情况一般都是比较棘手的，需要马上处理。通过思维导图，你会迅速联想到各种问题，包括投诉原因、如何处理投诉、谁来负责、期望达到怎样的结果……再举个例子，公司召开紧急会议，必须马上去，你会想到哪些内容呢？会议召开的时间、地点、会议主题、是否需要发言、如果需要发言具体讲什么……还有一些类似的突发性事件，是不是需要马上处理、负责人是谁、具体的处理方案有哪些等。

第二部分：重要非紧急的事

将最核心的内容都写在思维导图上。举两个例子，假设要开一个非常重要的会议，需要在思维导图上写上参会人员、主题、预计结果等；假设要见客户，需要写上对方公司的情况，包括客户名字、职位、喜好、谈话的主题、期望的结果等。

第三部分：不重要但很紧急

比如需要马上解决的任务，是找别人做还是自己做？

第四部分：不重要又不紧急的事情

首先把这类任务放到备用清单里，有空的时候做；其次关注具体任务的时间节点，虽然不重要也不紧急，但是也不能忽视；最后这类任务不是必须自己动手，可以交给下属去做。

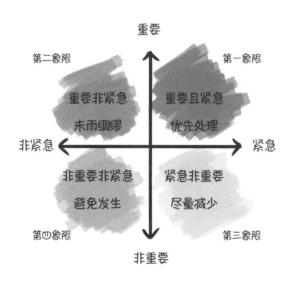

四象限工作法

公司召开紧急会议，作为项目经理，你需要主持会议，请利用四象限工作法进行一个合理的规划。

清单计划法——让一切变得高效、有序

清单计划法是很常见也很实用的学习、工作方法之一，在设定计划的时候，通过列清单的方式可以让思路更清晰。那么，如何将其与思维导图结合起来呢?

第一部分：原因

为什么要将清单思维融入思维导图呢? 因为我们经常会犯错，错误的原因有很多，有可能是因为无知，还有可能是因为忘了。

例如，我有一次在准备课程清单时，接了一个学员的咨询电话后，回过头来再设计清单的时候，就把"思维导图与营销"这一节内容给忘了，但这节内容很重要，以至于学员在听课的时候露出疑惑的神情，这是因为知识点没连上。从那次之后，我就意识到列清单是多么重要了。

第二部分：列清单的步骤

首先是要寻找问题，也就是你的清单上要解决的问题，把它们都列出来。其次是分析问题，例如，事件的紧急程度、重要程度、影响力等。最后提出相应的对策，包括具体的执行方法、具体问题的时限等。

第三部分：分类

按照清单内容分类，包括执行清单、检查清单、沟通清单等，然后根据具体情况完善相应的分支。

第四部分：设计清单

可以按照内容、结果、处理方法来设计清单。

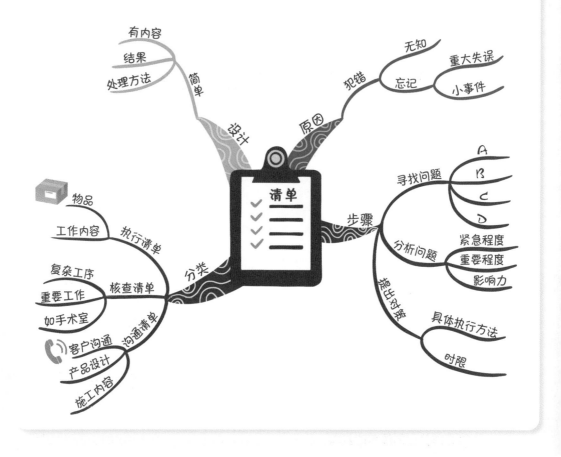

　　根据上面的方法设计一张近期的学习或工作清单，可以是最近正在学习的课程，也可以是手头正在处理的项目。

第十章

决策管理——如何做出正确的决定？

⊹ 六顶思考帽——提高思考与决策效率

六顶思考帽是一种常用的决策方法，由法国学者爱德华·德·波诺提出，经常用在头脑风暴、开会等场景中。六顶思考帽代表了6种思维角色，涵盖了思维的整个过程，既适合激发个人思维，又适合激发团队成员的思维。

接下来，我们将六顶思考帽与思维导图结合。

第一部分：用途

1. 写作。摆事实，讲道理。

2. 开会。提高效率，权责分明，而且可以迅速做出决策。

3. 个人分析。用来分析自己的理性部分与感性部分。

4. 员工培训。可以提高员工素质，并帮助员工建立自己的思维模式。

5. 其他。大家可以把自己能用到的方式在后面的训练版块中画出来。

第二部分：白帽子

白帽子是比较中立而客观的，代表了信息、事实和数据。如果你要做决策的话，需要注意 3 个问题：我们现在有什么信息？还需要什么信息？怎么得到所需信息？

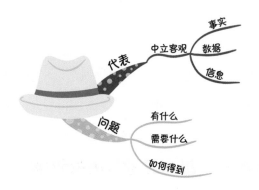

第三部分：黄帽子

黄帽子代表着积极乐观，它是我们心中一个比较情绪化的代表。在使用黄色帽子时，我们的思考路径可以是：哪方面比较积极？存在哪些有价值的方面？执行能力如何？

第四部分：黑帽子

黑帽子代表着批判和保守的思维。如果想测验我们的想法是不是具有批判性和保守性，可以用黑帽子来测试一下。黑帽子的思考路径是：我到底有没有做过？

没做过可行吗？风险有哪些？为何别人不做或者不行呢？可以发现，这些问题都是反向思维，也就是说如果我们想要知道自己是不是一个保守的人，可以反向思考。

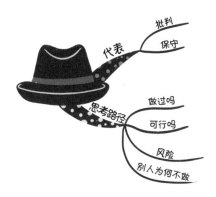

第五部分：绿帽子

绿帽子代表创造性和右脑思维。如果你想知道某件事是否用上了右脑思维，可以从以下路径去寻找：有新的想法吗？有其他方案吗？还有哪些没有想到的呢？如果你提出了几个类似的问题，说明你已经在用右脑思考了，也就是使用了绿帽子。

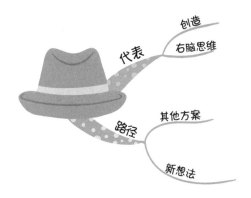

第六部分：红帽子

红帽子代表直觉和预感，如果你想知道有没有用到红帽子，可以查看下面的思考路径：我的感受是什么？我真的喜欢吗？我的直觉是选哪一个？

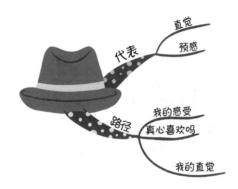

第七部分：蓝帽子

蓝帽子代表控制，一般在思维的开始、中间和结束时使用。它的思考路径是：下面如何安排？我的整体情况如何？我是如何做决定的？

举一个简单的例子，更容易看明白六顶思考帽的作用。假设某个团队进行头脑风暴，那么六顶思考帽的角色分别如下。

　γ 白帽子→陈述问题

　γ 绿帽子→提出解决问题的建议

γ 黄帽子→列举优点

γ 黑帽子→列举缺点

γ 红帽子→对各项解决问题的方法进行直觉判断

γ 蓝帽子→总结陈述,得出最终方案

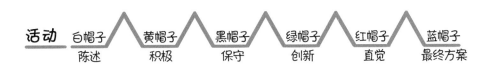

活动	白帽子	黄帽子	黑帽子	绿帽子	红帽子	蓝帽子
	陈述	积极	保守	创新	直觉	最终方案

// 思维导图模板 //

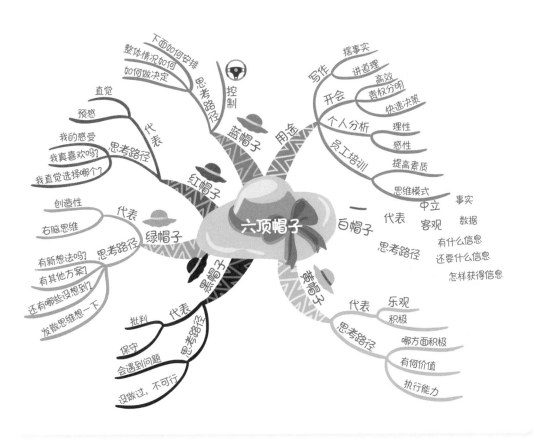

周一，领导气呼呼地表示："现在客户的投诉很多，对我们的服务非常不满意！今天你们必须拿出解决方案！"

就此问题，结合六项思考帽与思维导图进行分析。

头脑风暴——让你的思维刮起一阵龙卷风吧！

无论公司大小，只要讨论问题、做决策，都用得上头脑风暴的方式。但是头脑风暴的结果是否科学，这就非常值得考量了。因为一旦结果有偏差或者领导一言堂，都有可能导致后面所有的决策出现问题。所以现在

我们来画一张头脑风暴的导图，从而有效避免这种情况的发生。

第一步：项目的 SWOT 分析

1. 优势（Strengths）。列出所有优势，进行分类。

2. 劣势（Weaknesses）。列出所有劣势，进行分类。

3. 机会（Threats）。所有可能出现的机会都要列出

来，这是发现转机的判断依据。

4. 风险（Opportunities）。列出所有风险，以便考量是否要做这件事。

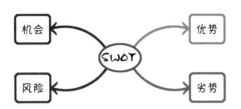

第二步：投资情况

这一步一定要如实填写，因为投资决定着我们未来收益的回报，以及项目能否维持下去。

1. **钱**。钱从哪里来，这是首先要考虑的。

2. **技术**。有没有核心技术？核心技术掌握在谁的手里？还可以继续画，我是不是公司的股东或核心骨干，有没有公司的股份？这些都关系到日后公司的方向。因为技术是公司发展的命脉，所以在这里一定要标注清楚。

3. **场地**。也就是办公地点。

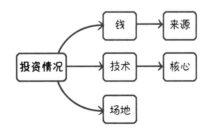

第三步：关于想法

每个人的不同想法，我们都要列出来，比如参会有 4 个人，就要把 4 个人的想法都列出来。后面还要继续画，为什么这么想？可以得到什么结果……

第四步：时间

这里的时间主要是指决策的时间节点，如最早什么时候能完成，最晚什么时候要完成。

第五步：人员安排

人员安排主要是确定每个人的位置，以及具体需要联络的对象。

1. **人脉**。相关的人脉资源都可以列出来，可以作为决策的一个重要条件。

2. **技术层面**。我们有哪些核心技术是其他对比没有的，或者我们购买了哪些技术或专利等。

3. **支持**。还有其他哪些方面的支持？列出之后有助于更好地分析。

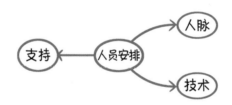

第六步：结果

结果一般可以从以下两个方面看。

1. **顺利通过**。也就是我们把这个方案当作一个已经成型的方案，或者把这个决策看成一个可以顺利执行的决策，然后分析后面需要做什么，可以继续在后面列出来。

2. **如果不通过，怎么替换**。也就是要做出 B 计划，B 计划需要详细列出。

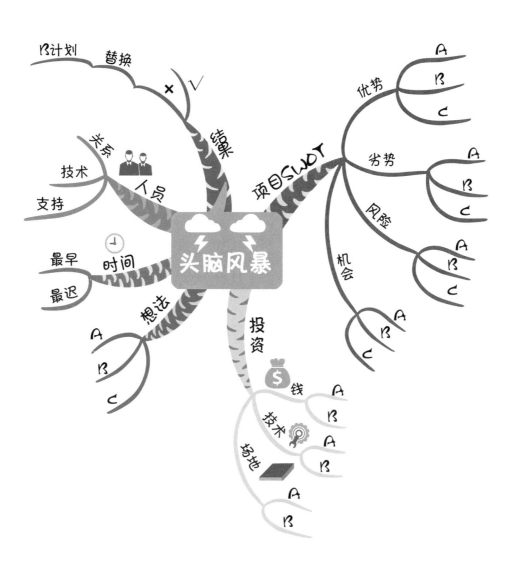

头脑风暴

项目SWOT
优势 A B C
劣势 A B C
风险 A B C
机会 A B C

投资
钱 A B
技术 A B
场地 A B

B计划 替换
结果
+ √
关联
技术 支持 人员

时间
最早 最迟

想法
A B C

小试牛刀

作为一名管理者，你希望通过头脑风暴的方式征集更多的创意，你会如何组织一场高效的头脑风暴？

第十一章

(11)

会议管理——如何组织一场高效的会议？

会前准备——如何做出一份漂亮的会议预案？

这一节讲的会前准备，指的是一些比较正式的会议，如学术交流会、招商会等，跟平时公司的内部会议不太一样，下面带大家做一个规范梳理。

第一部分：明确目的

会议到底要做什么？是宣传、合作、招商还是学术交流等，要写清楚，因为后面的一切安排都要围绕这个目的来确定。

第二部分：具体安排

时间、地点、人物、物品、嘉宾、安全情况、用车、会议的接待人员等，这些都要在此列出来。

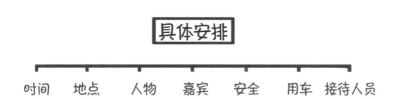

具体安排

时间　　地点　　人物　　嘉宾　　安全　　用车　接待人员

第三部分：会议流程

会议天数，每一天的流程都需要写清楚。

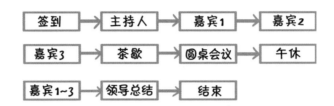

第四部分：宣传渠道

每个会议都有一些宣传的渠道，有线上的和线下的，包括短视频、微博、微信、传单、海报等，具体的内容需要自己填充。

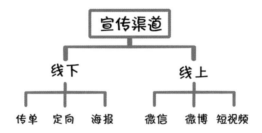

第五部分：预计问题

一是人数，要请多少人，需要一个相对准确的估算。二是对于突发问题，比如舞台效果、安全问题，以及一些其他的突发状况，要有应急预案。

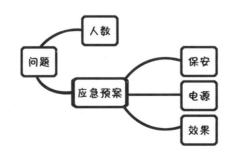

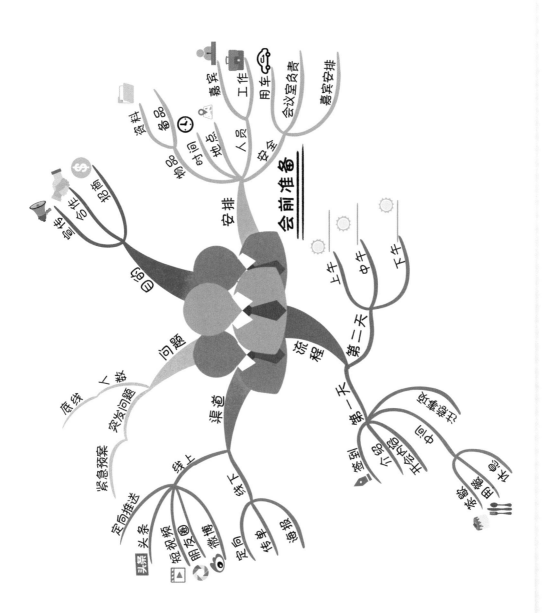

会前准备

安排
人员
资料
备品
物料
时间
地点
嘉宾
工作
用车
会议室负责
嘉宾安排
安全

目的
宣传
合作
招商

问题
底线
人数
突发问题
紧急预案

渠道
线上
线下
采集头条
定向推送
短视频
朋友圈
微博
定向
传单
海报

流程
第二天
上午
中午
下午
第一天
签到
介绍
主会场
中间休息
茶歇
就餐
合影

小试牛刀

假设公司领导让你负责组织一场会议，请你利用思维导图做出预案。

🔀 世界咖啡开会法——让团队的创造力迸发出来吧！

什么是世界咖啡呢？这是一个很著名的关于开会和头脑风暴的课程，用会谈的方式找答案，体现出集体的创造力。

第一部分：概述

首先，世界咖啡是学习型工具；其次，它是一种集体对话方式，包括不同的人、不同的想法，属于一种集体的智慧；最后，它是一个平台，大家可以利用这个平台进行对话，各个行业之间互相分享知识。

第二部分：使用方式

第一，设定一个场景，比如在咖啡馆，或者在某个会议室。第二，创造一个友好的氛围，而不是咄咄逼人的环境。第三，探索真正重要的问题。第四，鼓励每个人积极参与，畅所欲言。第五，交流的时候表达出不同的观点。第六，学会倾听。第七，分享。

这个分支很重要，需要我们不断延伸。

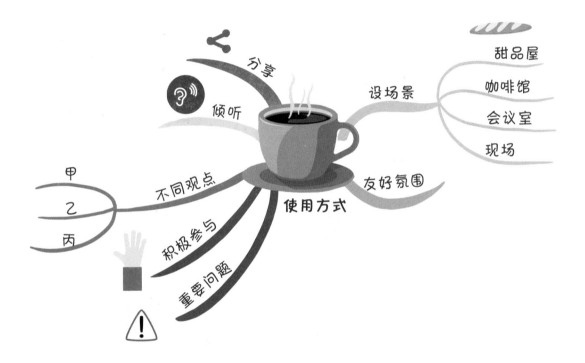

第三部分：实践

世界咖啡一般以 3 种形式呈现：第一，主持会谈，讨论话题时可以用这个方法；第二，集体讨论，是很多人一起参与的形式；第三，相互学习的时候，让每个人都参与者进来，共同学习和成长。

第四部分：总结

一是总结观点，二是复盘全过程。

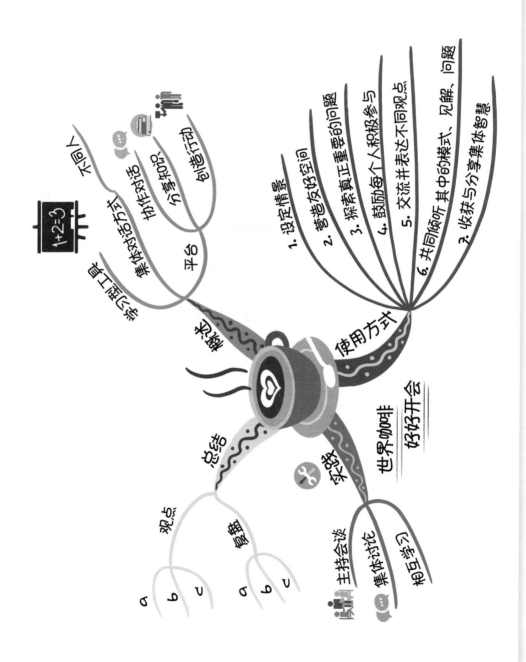

世界咖啡
好好开会

工具

集体对话方式
不同人
协作对话
分享知识
创造行动

平台

使用方式
1. 设定情景
2. 营造友好空间
3. 探索真正重要的问题
4. 鼓励每个人积极参与
5. 交流并表达不同观点
6. 共同倾听其中的模式、见解、问题
7. 收获与分享集体智慧

总结
观点
复盘

实践
主持会谈
集体讨论
相互学习

小试牛刀

针对"如何防范疫情"这个热门话题,采用世界咖啡的形式,进行一场头脑风暴吧!

第十二章

沟通艺术——如何利用思维导图提升沟通效率？

如何提问才能直击要害？

Z 先生由于工作出色，责任心又强，被领导提拔为准主管。但是他有一个硬伤，就是不会向下属提问，而且每次都会被下属问得面红耳赤。这样做领导肯定无法树立权威，所以，我们要帮助他成为一名优秀的提问者。

第一步：提问的要点

1. 提出的每个问题要有逻辑性，环环相扣。

2. 提问要引起对方的好奇心。

3. 用问题引导对方，让他回答出你想要的答案。

例如，电视剧《庆余年》里有这样一个片段：范闲想知道滕梓荆为何要投奔他，但是滕梓荆不说，于是，范闲问了 3 个问题：

γ 告诉我，那份问卷上是什么？

γ 告诉我，你为什么要刺杀朝廷命官？

γ 告诉我，你放弃一切是为了什么？

3 个问题环环相扣，步步紧逼，而且每个问题都问到了点子上，让对方只能顺着你的引导说出内心的真实想法。

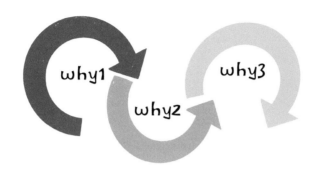

第二步：如何问出好问题？

1. 多列几个问题进行筛选。

2. 利用前面"思考方式"一节中的思维导图，进行水平思考和垂直思考。

第三步：问题的表达方式

1. 描述性问题：正常阐述"是什么"的问题。

2. 规定型问题：主要表达"是不是"的问题，一般是封闭型问题。

第四步：深挖问题的本质，最终达到你想要的结果

举例：日本丰田公司的工厂车间地上漏了一大片油，常规的解决方法是先清理地面，再检查机器是否出现故障，最后解决故障就可以了。但是，按照丰田的思路，这样做远远不够，他们会通过提问引导员工进行回答。

1. 为什么地上会有油？因为机器漏油了。

2. 为什么机器会漏油？因为一个零件老化，磨损严重导致漏油。

3. 为什么零件会受损严重？因为质量不好。

4. 为什么质量不好？因为采购成本低。

5. 为什么采购成本低？因为节省短期成本是采购部门的绩效考核标准。

漏油　老化　质量差　采购成本　绩效

通过问这 5 个问题，漏油的根本原因就找到了。而人们往往只问到第 3 个就不再追问了，这是需要注意的地方。

如果遇到每一个状况都能这样问自己，或者引导他人去思考，那么很多问题都能从根本上得到解决，答案也会自然而然地浮出水面。

// 思维导图模板 //

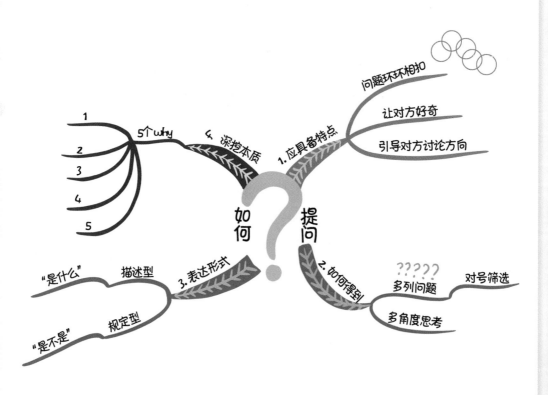

小试牛刀

假设你是团队领导者，公司业绩出现下滑，你应该如何对员工提问，从而找到答案？

如何快速取得对方信任?

在人际交往中,让对方信任才能有持续合作的可能,然而想要与刚认识的人迅速建立信任关系是很难的。那么,如何才能快速取得对方的信任呢?

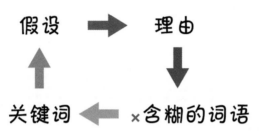

第一步:给对方提供相信你的理由

例如,列举事实、研究报告、生活实例、统计数据、专家或权威意见、当事人证词等,选 2~3 个作为支撑论据即可。

第二步:去掉含糊不清的词语

1.**歧义词**。例如,"我爸在医院"。那么到底是在医院看病、住院,还是在医院工作?说不清,这就是有歧义的句子,需要去除。

2.**诱导性词语**。比如跟对方说:"我们还有'额外福利'",其实额外福利根本就是夸大之词,这一类词语需要去掉。

3.**多义词**。例如,"船已起航,二日到达",二日可以指两天,也可以指二号。所以正确表述为"船已起航,两天后到达"或"船已起航,二号到达"。

第三步:利用关键词

说话要说到关键点上,否则说得再多也不起作用,这就需要学会使用关键词。

1. 关键词在哪里。

γ 论题里的重要词汇可以保证不跑题。例如，"他为什么相信你"，那我们就要在"相信"上下功夫，用论据来让对方相信，这就是关键词

γ 一些抽象词汇。例如，"为了能顺利度过这次经济危机，我们准备实行全员营销策略，希望各位同事积极响应，全力以赴地执行。"这句话可以摘录的关键词就是"全员营销"，一个抽象名词，把这个词弄清楚，其他内容就非常好理解了

γ 结果、数据、论据等起到概括作用的词汇

2. 可应用场景。

γ 讲述理由时

γ 总结结论时

γ 下定义时

第四步：利用假设，让你的理由更丰满

1. 加入价值观：比如道德和信仰。

2. 利用对方背景：如高管、专家等。

3. 预计结果：优势谈判。

4. 找到对方立场：攻心。

5. 谈谈自己的损失和教训：给对方讲故事，打动对方。

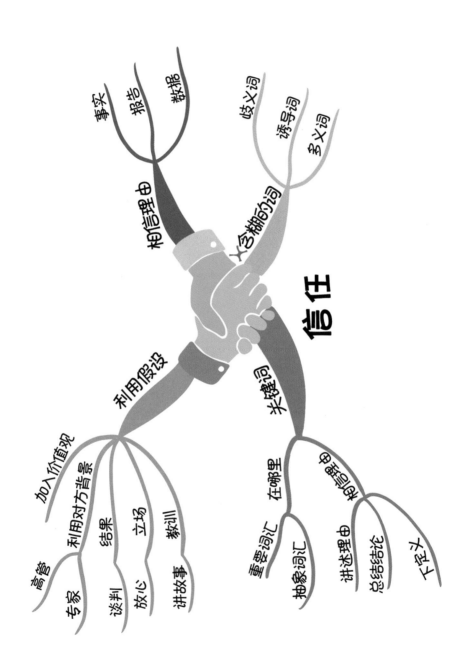

小试牛刀

假设你来到一家新公司，迫切需要向领导证明自己的能力，这时刚好有一个项目，如何向领导证明自己能够胜任此项工作？

如何让演讲更轻松？

演讲和写作是当今职场人士必备的两项技能，想要提升演讲能力其实并不难，接下来我们就讲一下，如何利用思维导图让演讲变得更轻松。

第一步：大脑

要做好演讲，首先要对所讲内容非常熟悉，其次是对于自我的控制和对整体逻辑的梳理，也就是说，我们要控制自己的大脑。以下两点很重要。

γ 保持专注。演讲前的紧张感会分散注意力，所以这个时候一定要专注于

内容，避免任何消极因素的打扰

γ 学会放松。在心理层面上让自己逐渐放松下来，找到适合自己的方法，例如，听音乐、找人聊天、出去溜达一圈等

第二步：准备工作

1. **材料的准备。**材料一般有两种形式：文字稿和PPT。文字稿也叫逐字稿，演讲之前要尽量背下来，而且在情绪上要做好调整，提升演讲的效果。

2. **心理上的准备。**主要是去除焦虑，这就需要充分的准备工作，对于越熟悉的内容，我们越能够轻松驾驭。

3. **刻意练习。**演讲不同于授课，有时间限制，还要有技巧，要求演讲者在规定的时间内完成演讲的内容。所以，对于不熟练的内容，以及需要用饱满的情绪去表现的地方，我们要进行刻意的练习，让自己达到一个最佳的状态。

第三步：演示

演示比较简单，一个是情景模拟，可以找一个类似的环境进行模拟演讲；另一个就是预演，几个人在一起互相演讲，把整个流程走一遍。

第四步：找问题

主要从以下4个方面入手。

1. **文字稿。**自己改，或者找高手帮忙改。

2. **PPT。**自己改，或者找高手帮忙改。

3. **演讲的熟练程度怎么样？**也就是说，需不需要进行刻意的练习？

4. **对手状况。**了解对手状况，做到知己知彼。

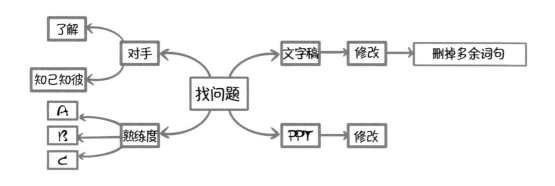

// 思维导图模板 //

由于业绩出色，你被提拔为销售经理，下周一要当着公司全体员工的面进行就职演讲，请你设计出相关的思维导图。

高情商口才是这样练出来的

我们都希望拥有像精英一样的好口才，轻松博得对方的信任和理解，但总是不得要领。今天给大家总结一下说话的导图，让每个人都可以轻松拥有好口才。

第一步：让你的心充满欢喜

只有内心真正达到喜悦的状态，说出的话才会让对方更容易接受。

首先，我们要了解说话的禁忌。

γ 讨论别人

γ 自以为是

其次，让对方喜欢我们说话的方法。

γ 适当沉默。在公众场合尽量少说话，特别是在不熟悉的场合更要少说多听

γ 不谈隐私。不说别人的隐私，也不说自己的隐私

γ 安心感。心定则神定，内心要静下来

γ 赞美对方。这是跟对方拉近距离最好的方式

γ 引起共鸣。共鸣点比较容易找，例如，对方是一个妈妈，可以从孩子的
话题去聊；对方是一个老人，可以从健康的话题去聊。总之，引起共鸣
是对方接纳你的开始

γ 条理性。也就是常说的讲话逻辑，这一点很关键，包括主题鲜明和认证
有力

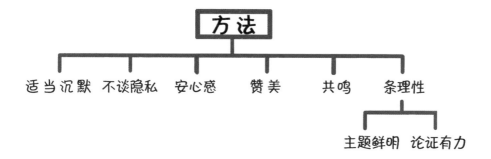

第二步：讲话技巧

1.要求和让步之间如何定夺。这是一个比较纠结的问题，何时该提要求，
何时该做让步，需要我们在当下迅速做出判断。

γ 谦虚。谦虚是礼貌的一种表达方式，在我们给对方提要求的时候，一定

要表现得非常谦虚、有礼貌

γ 先让步。可以先让步，给对方一个台阶下，让对方感受到我们的诚意。但要记住，先让步一定不能破坏原则，更不要一步让到位。比如在谈价格的时候，先给个小优惠让对方吃点甜头，大的让步要看对方态度再定夺

γ 不要绝对。任何事情都没有绝对的对错之分，千万不要把话说死，这样日后不好讨价还价

γ 委婉表达。表达时要关注对方的态度，随时改变语气，尽量用比较委婉的表达方式

γ 幽默。幽默是沟通的关键技巧，平时一定要多进行相关的训练

γ 对方想听什么。这个非常关键，你说的如果不是对方想听的，说得再多也没用。边说边观察对方的情绪、表情，随时调整谈话内容

2. 正面面对问题与争议。每次对话都可能存在冲突与争议，想要更好地继续交流，正面接受往往更有效。

3. 从情感与道理出发。情感在前，道理在后。也就是说，让对方认可的前提是跟对方产生共鸣，这样对方才能接纳我们，进而根据实际情况讲道理，这样让对方接受的难度就会大大降低。

4. 学会提问。一个好的问题往往能让我们得到想要的答案，可以从以下几点切入。

γ 引起对方欲望。看对方想聊什么，就跟他聊什么

γ 注意尺度。特别是一些评论性话语要特别注意尺度

γ 不同角度。有时候对方的需求不会轻易告诉我们，这就要求我们学会从

不同角度提问，看对方如何回答。例如，想知道对方的车大概是什么价位的，可以从保险的角度切入，了解保费的大概范围。这样就可以从答案中获取你想要的信息

γ 只给一个选择。让对方做选择的时候尽量提闭合问题。例如，想请对方吃饭，可以这样问："您周三还是周四有时间呢？"而不是问："哪天有时间我请您吃饭。"前者是二选一，无论怎么选都能请到对方；后者的表达方式，但凡对方不是十分想去的话，很可能就请不到了

γ 只提两个问题。每次最多提两个问题，原因是提多了记不住对方的回答，而且对方可能会觉得你很烦，不停问问题

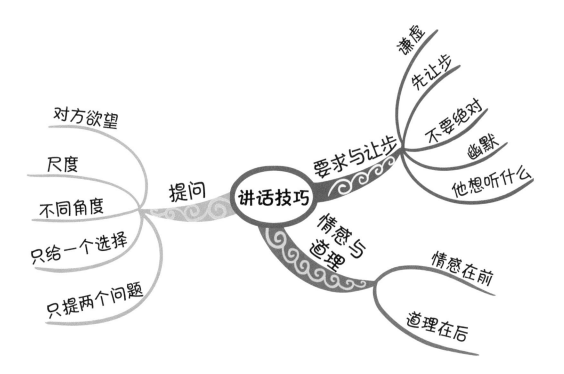

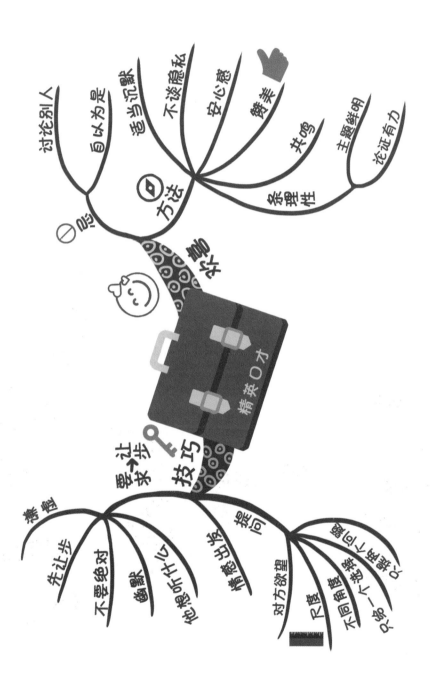

讨好别人
自以为是
适当沉默
不谈隐私
安心态
赞美
共鸣
主题鲜明
论证有力
条理性
方法
忌
好处

精英口才

要求让步
技巧
谦虚
先让步
不要绝对
幽默
他想听什么
情感 说出来
提问
对方欲望
尺度
不同角度选择一个问题回答
只答一个问题

小试牛刀

公司接到一项甲方需求，作为团队管理者，这个项目是你擅长的，你要如何说服老板将这项业务交给你的团队来做？（选择自己熟悉的业务领域设计思维导图）

第十三章

13

商务技能——商务精英的必备技能

🖧 如何跟客户介绍自己?

作为一名商务人士,经常需要跟客户进行自我介绍,千万不要轻视这个细节,毕竟第一印象是非常重要的。下面的思维导图可以作为模板,供大家在自我介绍的时候参考使用。

第一步:自我分析

把自己分析清楚,才能更好地展示给其他人。

1. **介绍名字**。名字是我们的代名词,但有的名字比较拗口,不好记,需要给它想个典故或者适合的介绍方式,让人可以迅速记住。

2. **交往细节**。我们在联系客户的时候要注意细节,否则客户不会愿意跟我们进一步接触。我曾经遇到过一个职位很低,能力不强,但是却自信过头的销售经理,他的自信和职位的匹配程度不成正比,对于我的正常需求都不能满足,后来自然也就没有合作。其实按照他们公司的实力,是完全有机会合作的,但是销售经理的态度和能力实在让我无法接受。

3. **职位匹配情况**。双方职位最好对等,差距太大容易让对方不满,特别是甲方。

4.**年限**。这里是指你到公司的年限，时间越长越能说明你对公司的了解程度。当然，如果你是新入职的员工，这块可以不提，避免麻烦。

5.**性格展示**。性格可以感染别人，一是要足够自信，让对方更加相信你及你的产品；二是要阳光开朗，特别是年轻人出去谈业务，阳光、有朝气会更让人喜欢。

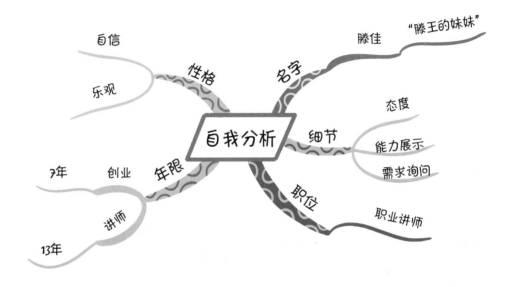

第二步：公司销售情况

业绩是公司实力最好的证明，因此这部分一定要深入了解。

1.**公司规模**。有多少分公司、投资规模等情况，都应该非常了解。

2.**公司地址**。总部和分公司的地址都要知道，至少要了解所在地区的。很多新人对于自己公司在其他地区的情况并不了解，这样会让客户认为他在公司资历不够，不够了解公司情况。

3.**主营业务**。一些大公司是集团化管理，下面有很多产业，而且这些产业互不相关。但我们见客户的时候，他们很有可能会询问相关业务，如果不知道就显得很不专业，而且在公司资历这一栏的印象分会降低。换个角度想，万一客户对这个业务也感兴趣呢，也许会有新的业绩产生。

4. 竞品情况。也就是市场竞争产品的情况，我们也要进行分析，一种是进行 SWOT 分析，前面已经讲过；另一种是进行业绩分析，按照宏观、微观、地区、人群 4 种情况划分。在跟客户介绍的时候，选择一个效果最好的讲就可以，比如说如果公司刚起步，那么可以强调局部业绩在某个短时间内的最大值；如果公司做得相当有规模，可以从全国布局角度介绍公司业绩情况。

下面以我自己为例，把公司换成我的个人业绩。

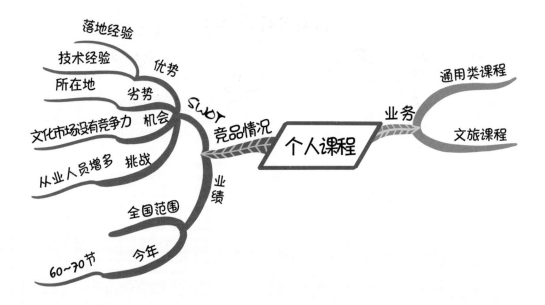

第三步：竞争对手情况

这一步主要是了解竞争对手的情况，可以跟客户有一个交代，很多客户在问问题的时候会习惯性问一下："×× 品牌跟你们有什么区别呢？"这个时候，如果你不了解，会让客户感觉你很不专业。当然，也不要完全否定竞争对手，做出客观评价即可。可以从下面3个方面进行准备。

1. **行业情况**。这里要做行业介绍。比如提到手机行业，那么手机行业目前分为哪些种类，高端、中端、低端都是什么，哪些品牌比较受大众欢迎等。甚至可以说一下小众区别，更能吸引客户眼球，而且客户会认为你非常专业，愿意钻研。

2. **多家对比**。可以做一个产品对比图，把市面上比较常见的几家产品进行对比。例如，做电视，可以对比海尔、海信、索尼、小米等各种档次的品牌，提出有利于你成交的结论。但要记住，不要随意批评其他品牌。

3. **心中有数**。这是指双方面的，一方面要对自己的公司有数，例如，底价、可以让的条款等；另一方面要对行业变化有数，例如，地产行业受国家政策影响较大，那么什么时间买合适要给客户准确的意见，否则带来损失客户会误会。

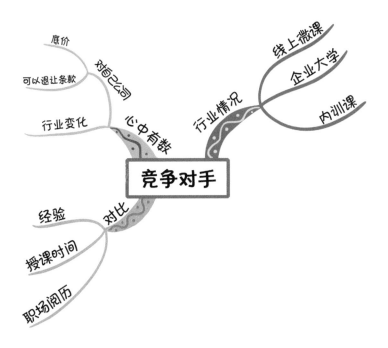

第四步：客户情况

关于客户情况要尽可能多地了解，正所谓知己知彼，百战百胜。

1. 了解客户背景。 客户背景可以说明客户的消费能力、是否有成交的可能等，具体如下。

  γ 了解客户公司。了解客户所在公司的情况，包括公司规模、经营范围、主要产品等

  γ 了解个人。了解谈判的对象是谁、具体什么职位、个人情况等。可以分两种情况：第一，如果是很熟悉的人，经过了多次交流，掌握了对方的兴趣爱好，就可以投其所好；第二，如果是不熟悉的新客户，或临时更换了负责人，这种情况下在第一次见面的时候不需要谈太多专业性内容，包括产品，要多聊生活，挖掘对方在生活上的兴趣、爱好，而非公对公的快速结束，这样在后面更容易找到共同话题

2. 目标。 目标很重要，在结果导向的工作中，确定目标就是确定方向，所以可以从以下 3 点选择你想要达成的目标。

  γ 签单。以签单为主的目标就要围绕签单这件事去聊，可以用几张导图做方案。同时，要带好物料，避免不必要的麻烦

  γ 达成共识。如果与甲方有过初次接触，那么可以做好达成共识的准备，为下一次签单做好背书

  γ 试探。初次接触或对方没有太强采购需求的时候，可以先试探对方。但试探要掌握好度，比如从生活的话题切入，或从产品应用性的角度切入会更好

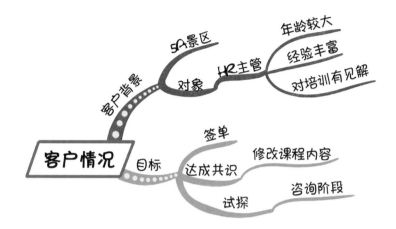

// 思维导图模板 //

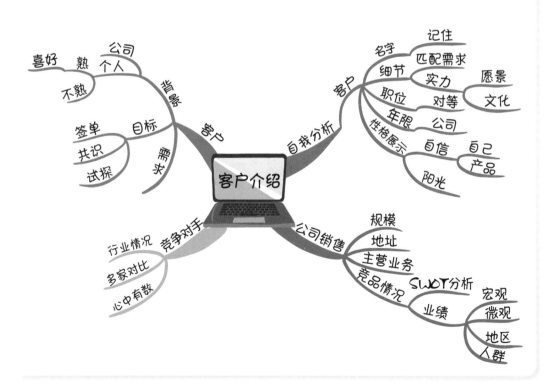

假设你要见一个新客户，你准备怎样进行自我介绍呢？

如何快速适应管理岗位？

对于一些新晋管理者来说，很难快速适应管理岗位。这类人群完全可以通过思维导图模板提升自己的适应能力。

第一步：管人先管心

做管理，定制度不如管人心，掌控了人心，管理也就成功了一半。

1. 态度问题。

γ 管理者要学会说对不起。当管理者出现问题的时候，绝不能摆出高高在

上的态度，而是要主动承认错误。这样才能让下属心服口服，并且赢得下属的尊重

γ 装糊涂。管理的过程中，不尽如人意的地方很多，谁也不可能做到面面俱到。这就要求管理者从全局出发，适当装糊涂，没必要人为放大一些微不足道的细节

γ 学会赞美。经常赞美员工，精神层面的奖励也是非常重要的

γ 胡萝卜加大棒。这个概念很好理解，奖罚有道，该罚的时候罚，该奖的时候奖

γ 信任与放权。很多领导，尤其是新晋领导，总喜欢喊累，为什么呢？因为他们不懂放权，事必躬亲。信任下属，适当放权，是一个领导者最基础的管理能力

γ 尊重。有些管理者很强势，特别是在批评人的时候，会说一些非常难听的话，让下属很难接受。要记住，无论何时，都要尊重你的下属。换位思考，如果你的领导这样对你，你会怎么想？

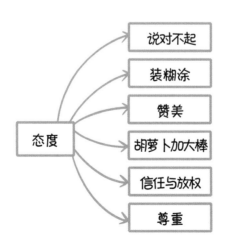

2. 管理手段。管理是一门学问，在言语的加持下，需要一些适宜的手段，从而与员工拉近距离。

γ 学会送礼。礼不在重，而在于一片心。在送礼的时候，要关注员工的爱好、需求，投其所好

γ 节假日和纪念日。重要的节日或者员工生日这种有纪念意义的日子，作为领导者要有一些表示，给员工营造家的归属感

γ 不同的激励方式。每名员工的性格不同，对于激励的需求也不同。有的员工需要荣誉激励，有的员工需要金钱激励……因此，一定要先了解员工是什么样的人，从而找到适合的激励方式

3. 职业发展。从职场发展的角度给员工赋能，让他们可以看到更远的未来，看到希望。

γ 重视员工。无论员工的职位大小，只要他有能力，你想培养他，就一定要让他感受到你的期望

γ 了解员工的目标。管理者似乎习惯于做自己的岗位目标、业绩目标，但是有多少人真正了解过员工的目标？特别是一些基层的员工，帮助他们设计目标，让他们看到希望，这样就可以达到有效激励的目的

γ 认可。员工表现出色时，一定要给予认可，不要吝啬赞美

γ 学会分享。包括物质与精神两方面，精神方面如举办读书会、心理疏导会、团建等，让员工说出自己的心里话，更好地融入团队之中

γ 倾听。员工不会无缘无故地抱怨，如果有抱怨，那一定是哪里出了问题，这时管理者需要倾听，了解员工的情况

γ 责任。当下属出现问题的时候，管理者要勇于承担责任，而不是推卸责任

γ 容才。优秀的管理者，要尽可能找比自己更出色的人，而不是找一群
庸才

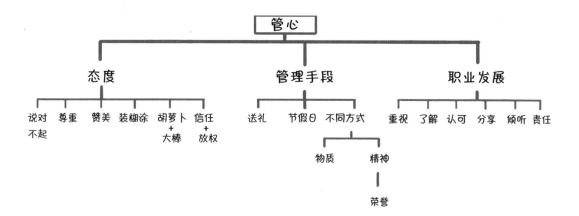

第二步：做人

1.**自身的管理**。包括个人修养、胸怀、专业度，以及在团队中的影响力。

2.**性格**。性格决定命运，成为管理者后，不能太任性。性格管理是很有必要
的，这样才能给下属做一个很好的示范。首先
要保持幽默感，其次情绪要稳定，最后要有一
颗平常心。

3.**影响力**。影响力是一个非常关键的要
素，第一，可以起到标杆作用，为团队树立一
个高标准；第二，展现出管理者的担当与责任；
第三，展示出真实的领袖风范。

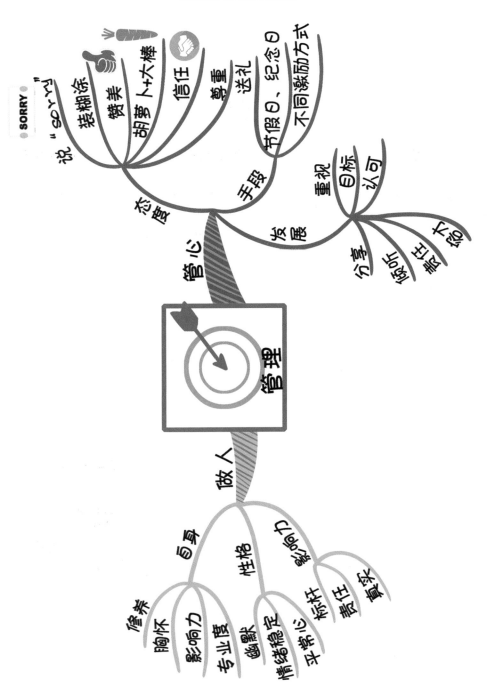

SORRY

说 "SORRY"

装糊涂

赞美

胡萝卜+大棒

信任

尊重

送礼

节假日、纪念日

不同激励方式

态度

手段

管心

发展

重视

目标

认可

分享

倾听

靠住

下降

管理

做人

自身

影响力

修养

胸怀

影响力

专业度

性格

幽默

情绪稳定

平常心

标杆

责任

责任

夏余

小试牛刀

最近，你刚刚晋升为管理者，为了快速适应这个岗位，你打算怎么做？

如何策划营销活动？

很多公司都需要策划营销活动，大到大型景区，小到个人 IP，只要有产品，就需要做营销。但是经过多年培训发现，很多公司的营销活动设计其实并没有什么逻辑，想到一个点子就开始用，缺少系统性，这样很容易出现问题。本节给大家总结了一张图，以后再有营销活动直接套用就好。

第一步：宣传

1.纸质材料。虽然纸质材料现在用得比较少，但如果是封闭空间，特定人群还是需要纸质材料的，因为纸质材料传递信息更加直接、有效。例如，你去买车买房，销售人员会递上宣传册，这种信息传递方式更加直观。

2.新媒体宣传。新媒体宣传的途径有很多，是目前比较流行且有效的方式，如微博、微信、抖音等。

3.其他媒体。一般指传统媒体，比如报纸、杂志、电视台或电台。

4.公司宣传。公司形象代表企业能力，所以选择适当的广告作为包装非常必要。一般从以下两方面着手。

γ 在公司形象方面做一些适当包装

γ 在信息发布上，也就是公司对外宣传方面，可多做一些宣传和内容调整，有助于外界了解公司，但一定要真实，具体内容可以填写在模板后面

第二步：方案设计

1. 活动目标。这里列出 3 项，大家可以根据自己的情况自行添加。

γ 业绩要求。如果是销售，一定会有业绩要求，写在这里，尽可能写得详细

　　些，比如一共几次活动、每次业绩要求多少等

γ 推广要求。哪些方式可做，哪些方式不可以做。做的时候需要注意什么，

　　比如品牌商宣传、价格底线等，都是需要提前做好策划的

γ 其他。根据实际情况自己补充

2. 确定宣传方式。

γ 线上宣传。现在线上宣传也是一种比较流行的方式，线上发布会、云会议、

　　直播等都是有效的方式，需要决定是选用新媒体还是传统媒体、直播还

　　是录播、会议形式还是讲座形式，这些都要在后面写出来

γ 线下推广。具体执行放在哪个城市、哪些商场、哪些店铺……都是需要

　　列出来的

γ 二者结合。也就是线上线下结合推广

3. 时间安排。

γ 持续时间。活动要组织多久，可以列出来

γ 阶段时间。活动是每月一次，还是每周一次，抑或是仅仅做一次而已

γ 结束时间。任何活动都有截止日期，什么时候结束需要提前计划好

4. 活动地点。活动地点需要提前设计好，否则临时变更，无论是价格还是人工成本都要增加。

5. 参与人员。基本有两部分：一是公司内部人员，二是外部人员。

6. 物料控制。物料就是成本，在活动开始前一定要先做好预算。

7. 风险控制。

γ 影响。影响无非两方面，正面和负面，要做好应对这两种情况的预案

γ 危机。一是安全危机，比如线下活动容易出现人流拥挤等状况；二是突发事件，比如直播间突然出现不好的声音，或其他竞争对手恶意给产品差评等，都需要提前做好应对方案

γ 应急预案。无论是好事还是坏事我们都要想到，把预案整理出来——列出

第三步：复盘

1. 目标。看方案与目标是否一致。

2. 结果。方案的结果有几种可能，对照目标再次进行整理。

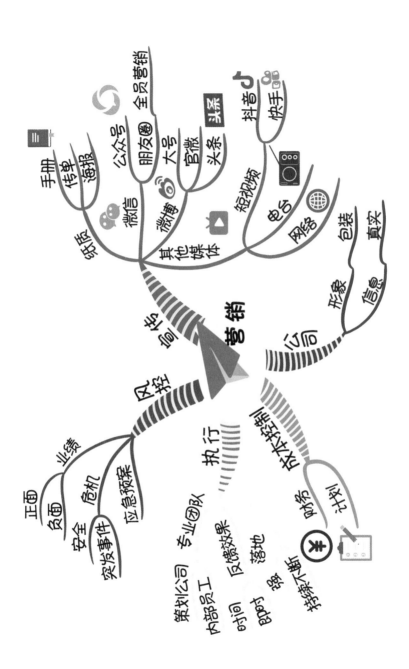

小试牛刀

临近年关，你的公司准备做年终大促销，如果你是负责人，你准备怎样设计？

06

第六部分

问题解法——问题分析与解决技巧

第十四章
问题分析与解决工具

SWOT 分析法

小 A 大学读的是统计学专业，工作了 5 年，目前从事的是互联网运营工作。这几年工作上一直没有什么成就，小 A 认为自己在运营方面很难做出成绩，迫切希望转型。年近 30 的他开始有点着急了，想给自己做个分析，了解自己的竞争力，以及适合的发展方向和上升空间。

接下来，我们用 SWOT 分析法帮助小 A 梳理一下。

SWOT 分析法，指的是对研究对象进行系统、整体的分析，并根据研究结果做出决策分析，是一种常见的战略规划工具。该方法被广泛运用于企业战略规划，同样可以用于个人解决问题。

第一部分：内部状态

内部状态分为优势与劣势两个方面，优势是指有形资产、人力资本、组织体系、竞争能力等；劣势是指缺核心技术、缺资产、缺人、缺体系、缺竞争能力等。

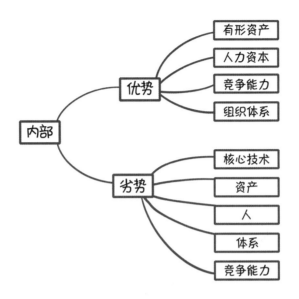

第二部分：外部状态

外部状态包括机会与威胁，先来看外部机会，主要是市场变化带来的优势，比如疫情初期所有口罩脱销，口罩厂家成为盈利重头企业，具体是指新的需求、外部市场壁垒解除或竞争对手的失误；再来看外部威胁，比如出现新的竞争对手、市场紧缩、行业政策变化、经济衰退、客户偏好、突发事件等，都会影响到企业效益。

SWOT 分析法同样可以应用到个人。

1. 如果外部机会正好是你的优势，一定要利用起来。

2. 如果外部机会是你的劣势，就意味着需要着手改进。

3. 如果具备优势，但同时存在外部威胁，就需要时刻保持警惕。

4. 如果外部机会是你的劣势，同时存在外部威胁，就需要及时逃离并消除威胁。

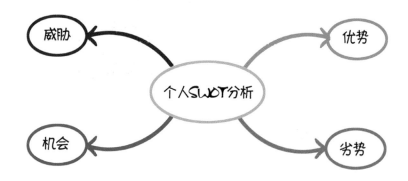

如果按照上面的文字信息完善，这张图就会很乱，条件越多，图越复杂，但如果用思维导图整理，效果就不一样了。

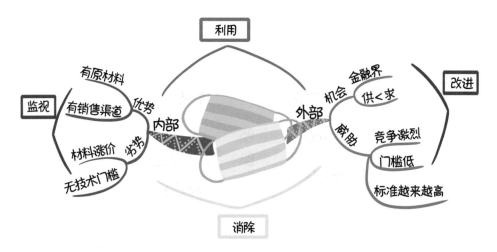

接下来我们帮助小 A 进行分析。

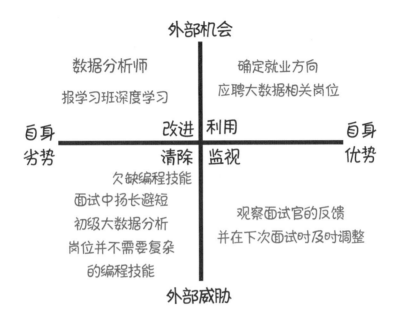

小 A 认为自己很难在运营岗位做出成绩，于是迫切渴望转型。如上图所示，通过 SWOT 进行个人分析，统计学毕业的小 A，又有互联网运营的相关经验，完全可以从事大数据相关职业，这是未来的风口行业。

发现外部机会之后，小 A 决定利用起来，改进方法是报班学习大数据相关课程，但是他进一步发现了自身的劣势——欠缺编程技能。同样，这也需要进一步学习。即便如此，在面试的时候，还是会遇到激烈的竞争，这时候要做的就是扬长避短，突出自己的特长，弱化数据分析、编程经验不足的劣势。

转型并非易事，可能需要不断面试，不断被拒，这时就需要观察面试官的反应，总结经验，直到找到相关的工作为止。

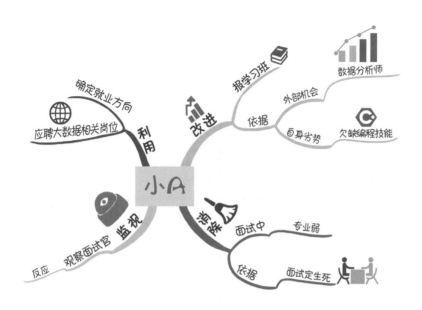

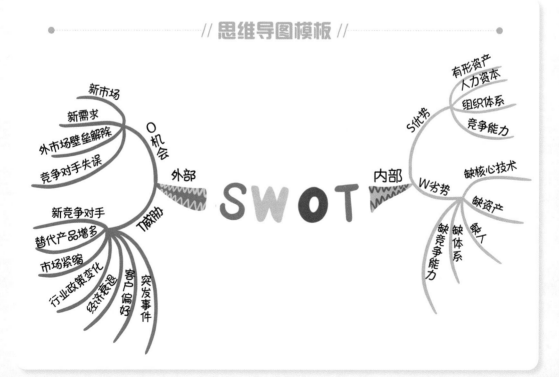

假设你目前正渴望转型，利用 SWOT 分析法进行一次深入的自我剖析。

WBS 工作分解法

假设你刚刚升职主管，就接到一项非常重要的工作，上级领导让你筹办年会，这可是一次重要的机会，千万不能搞砸了。然而，你之前没有类似的经验，这可怎么办？

面对此类复杂问题时，一定不要着急，可以将问题拆解一下。这时就需要用到 WBS 工作分解法，这是一种拆解问题的有效方法，与思维导图很相似，都是把内容细化，只是 WBS 更讲究分层、分级、做树状图。仍然用思维导图的形式给大家展示出来，逻辑更清晰。

1. W 是指工作需要交付的结果。这个可以放在核心位置，因为后面都是围绕它来做的。

2. B 是指分解工作。把第一级内容进行分解，按照一定的逻辑，而且要有节点，不能随意拆分。

3. S 是指结构。根据上面拆解工作的逻辑进行内容划分，保证每一个分支的层级相同。

接下来，我们通过树状图的形式具体分析问题。

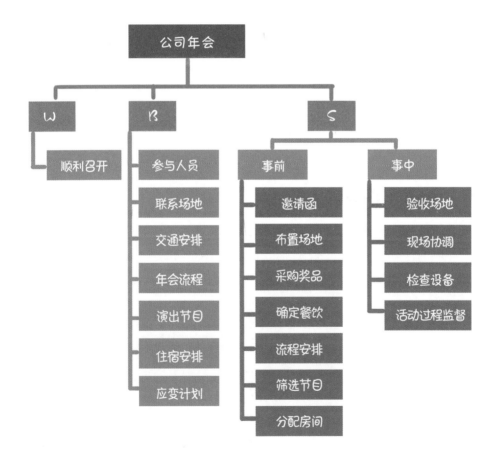

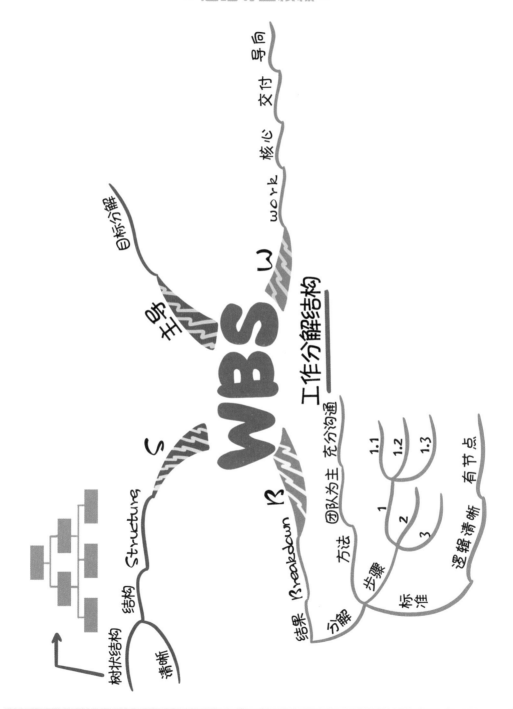

假设公司领导让你负责双十一的营销方案，试着利用 WBS 工作分解法做一份提案吧！

5W2H 分析法

小丽入职 3 年，工作兢兢业业，她的工作是活动策划执行，经常会在活动结束后给领导做汇报，但是每次汇报小丽都不知道说什么，所以显得很被动。

解决问题最好的办法就是提出好问题，好的问题自然会给你好的答案。5W2H 是一个分析问题的好方法，无论是企业还是个人都会经常用到，问题问得好，就可以得到你想要的答案。

我们用 5W2H 分析法来解决一下小丽的问题，比如小丽做了一个"十一"超市促销活动，上班第二天就被叫到办公室做汇报。

1. WHAT——是什么？目的是什么？做什么工作？

WHAT——小丽是活动策划执行，工作是解决突发事件。

2. WHY——为什么要做？可不可以不做？有没有替代方案？

WHY——因为领导通常不在场，需要小丽负责工作，没有别人可以替代她。

3. WHO——谁？由谁来做？

WHO——小丽做。

4. WHEN——何时？什么时间做？什么时机最适宜？

WHEN——"十一"前超市购买量最大时举办活动。

5. WHERE——何处？在哪里做？

WHERE——在超市内部做促销。

6. HOW ——怎么做？如何提高效率？如何实施？方法是什么？

具体方法如下。

γ 做好打折促销广告准备

γ 联系好超市将广告放在显著位置

γ 提前做好宣传预热

γ 备足货

γ 与其他导购处好关系，互相推销

7. HOW MUCH——多少？做到什么程度？数量如何？质量水平如何？费用产出如何？

γ 一天费用支出数额

γ 额外费用支出

γ 销量与破损率

γ 其他费用

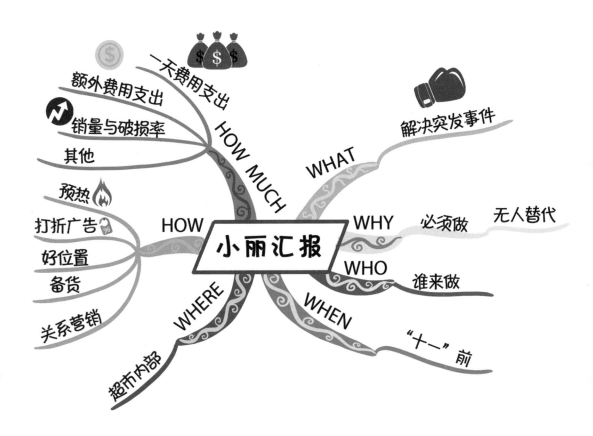

问到这里，小丽应该已经大致清楚如何做汇报了，还可以继续问，这就要根据当事人需求来确定了。

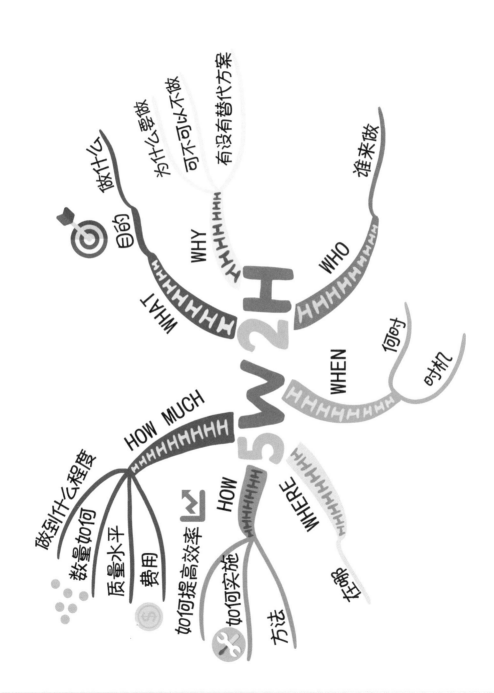

如果小丽现在遇到一个客户投诉问题，说她的商品包装有损坏，这时候如果你是小丽，如何利用 5W2H 分析法解决问题呢？

麦肯锡 7S 模型

Mike 在某景区做了 3 年的运营工作，鉴于日常工作努力用心，经理想把他提拔为后备干部，安排到各个部门去轮岗。轮岗之前，经理给 Mike 布置了一个任务：把景区的组织框架列出来，并让他指出可能存在的问题。

要解决企业组织问题，最有用的框架就是麦肯锡 7S 模型。这个模型可以分为两部分：硬件和软件。硬件是可以通过图表、文字表达出来的内容，软件是企业内部的"内隐知识"，即企业长期经营过程中形成的文化、习惯、模式。

下面我们根据 Mike 的要求，设计出其所在景区的组织架构。

第一部分：Strategy——经营策略

最理想的情况是为了实行某项策略去设计适合的组织，但实际上多是迁就已有组织去制定合适策略。

经营策略：全员营销，每一位员工都在为营销做事。

第二部分：Structure——组织结构

组织结构用来表现组织形态，类似人体的骨架。

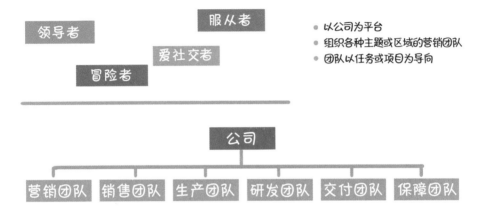

第三部分：System——运营系统

主要支持经营策略和组织结构，进行组织管理。如果用人体做比喻，它如同神经系统，包括信息传达系统、评价系统、决策系统等。

第四部分：Shared Value——共享价值观

包括价值观和使命感，多半是在企业文化理念并未明朗的情况下，借此说明企业组织存在的理由，或应该为顾客提供何种服务等。

共享价值观：一荣俱荣，一损俱损，为了同一个目标，奋斗自己的事业！

第五部分：Style——经营风格

经营风格深植于企业文化中，是由下而上或由上而下经过历史熏陶而培育出来的。这个要素很难控制和改变，具有集体性行动准则。如果想改，要先找到突破点，在后面标注出来。

经营风格：标准化要求，个性化执行。看重结果与目标的一致性，重视挖掘员工潜力。

第六部分：Staff——员工

包括他们的能力、技术、知识、资质等方面。

员工类别如下。

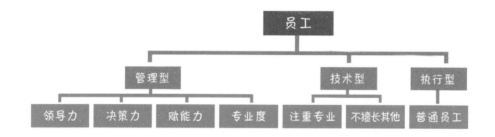

第七部分：Skill——技能

包括员工知识能力、工作技能、技术能力等。

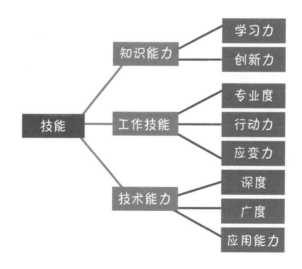

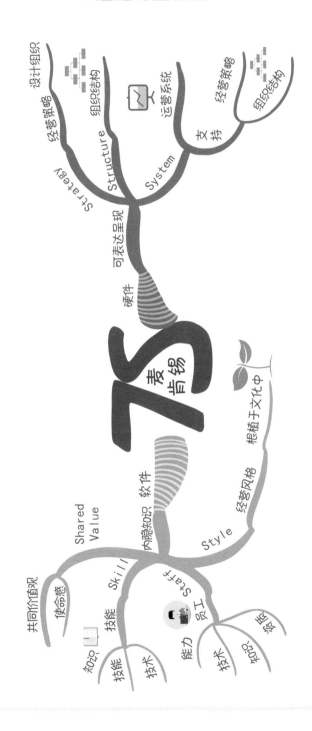

小试牛刀

现在也把你所在公司的架构模型分析一下吧！也许有一天你也可能成为 Mike 呢！

第十五章

发现、分析、解决问题

发现问题

小李是某景区营销主管，他们景区每个月都要有一次营销活动策划。最近一次活动，小李发现购买率有所降低，想找到问题所在，你能帮助他吗？

如果能及时发现问题，可以少走很多弯路，解决问题的原点在于发现问题。那么如何发现问题呢？根据《麦肯锡问题分析与解决技巧》一书中关于寻找问题的原理，本书给大家整理出了一张图。

第一部分：找到落差

落差即现实与理想的差距，把这个差距找到，就知道自己的问题在哪里，进而继续分析问题。

差距可以分成以下 3 种类型。

1.**恢复现状型**：呈现的结果只要达到原来标准就可以。

2.**追求理想型**：对原有目标进行提升。

3.**防范潜在型**：如果将问题搁置不管，未来会出现很多麻烦的事情。

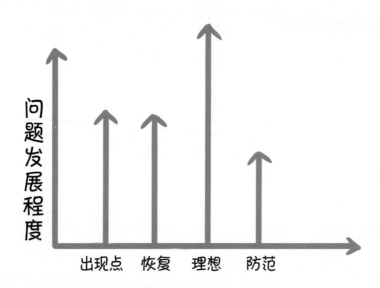

　　假设小李这次营销活动的实际销售额是计划销售额的二分之一，那我们可以分析一下这个差距属于哪种类型。

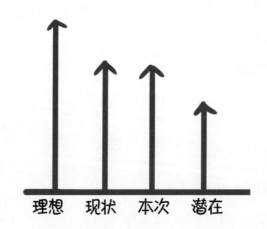

介于现状与潜在危险之间，继续找原因

这就是理想与现实的差距！通过对比就可以分析出，如果 4 次差距不大，说明这是追求理想型，如果差距很大，那么就应该是恢复现状型，如果存在逐渐递减，那就要注意是不是防范潜在型。

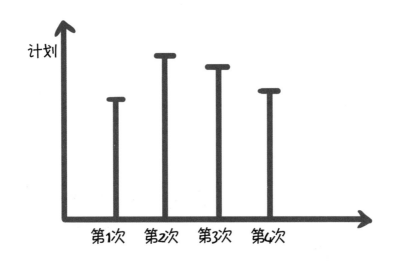

第二部分：问题分类

我们已经清楚差距的 3 种类型，那么就可以根据这 3 种类型把问题进一步分类。

1. **显现问题：**就是已经显露出的问题，这样的问题最容易解决，但也最棘手，需要马上处理。

2. **设定问题：**根据已经发生的情况假设会出现的问题并进行处理，避免事件扩大。例如，草地上有人扔了一个没有熄灭的烟头，看似很小，但很有可能酿成火灾。

3. **将来问题：**预判未来将要发生的问题，如果问题不及时控制，将会给未来带来不可逆的后果。

借用上面的例子继续分析问题。

γ 员工执行力的问题

γ 客观情况的问题

γ 不可抗力的问题

γ 领导决策的问题

γ 事故的问题

γ 方案重复无新意，策划的问题

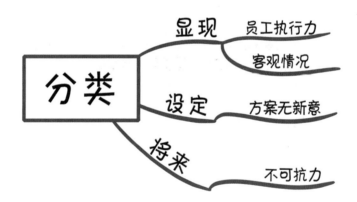

如果这样统计还是不能确定，那么还可以继续分析，用5W2H法进行刨根问底，最后找到问题真正的症结。

小试牛刀

　　当你发现不能按照自己喜欢的生活方式去生活的时候，可以分析一下原因，这样有助于你找到新的奋斗目标。

分析问题

小明在北京生活，现在想解决房子问题，到底是买房还是租房呢？我们来帮他分析一下这个问题。

第一步：设计课题

将分类后的问题变成课题进行研究、设计。例如，新冠病毒对全球人类健康与生活都产生了巨大影响，那么，为什么会产生这种病毒呢？它在什么条件下可以灭亡呢？当我们找到问题时，就会把解决新冠病毒持续传播这件事变成一个课题：研究如何阻止病毒传播。后面的解决答案大家都有所了解了，就是尽快制造出病毒疫苗。

第二步：分解设计课题

这个比较难，如果课题设计不好，得到的答案就不是我们想要的内容。就好比去医院医生给出错误的诊断一样，后果不堪设想。

《麦肯锡问题分析与解决技巧》一书中给出了 5W3H 方法。

γ What：有哪些不良状态出现？这些不良状态是如何呈现的？这可以用于发现问题

γ Where：在何处发生的不良状态？这可以确定不良状态的发生地

γ When：何时发生的不良状态？这是以时间序列来掌握状况，有助于分析原因

γ Who：主要参与对象有哪些？这有助于询问、收集情报

γ Why：为何会发生不良状态？这是分析原因的主轴

γ How：在什么样的状况下发生？有时候这就是直接原因

γ How much：损害的程度怎么样？损失多少金额？

γ How many：损害的数量是多少？

利用 5W3H，可以把大问题分解成若干小问题，然后集中精力解决每个小问题。这样把所有细小的问题都解决后，大问题就迎刃而解了！

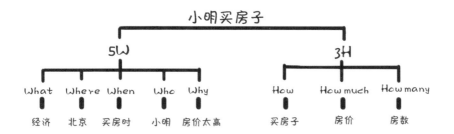

第三步：判断原因是否可用

原因如何寻找呢？主要还是从不良状态中选择，越严重越有说服力。但是，有时会出现很多原因不好判断，现在就把如何判断原因给大家列出来。

1. 原因与结果之间要有关联性。

2. 原因要发生在结果之前。

3. 没有其他干扰因素。

在符合这 3 点之后，基本可以判断出该问题的原因了。比如一个人疫情期间长胖了 20 斤，为什么会胖这么多呢？

分析原因如下。

1. 特别能吃，不停地吃。

2. 吃完不活动，天天在家躺着。

3. 与父母同住，不需要做家务和照顾小朋友。

4. 工作稳定，完全没有压力。

现在看这 4 个原因，哪些可以算是真正的原因呢？

答案是 1 和 2。

3 和 4 为什么不是呢？

因为即使没有疫情，这种状态也是存在的，虽然发生在结果之前，但属于干扰项，所以不能算是直接原因。

// 思维导图模板 //

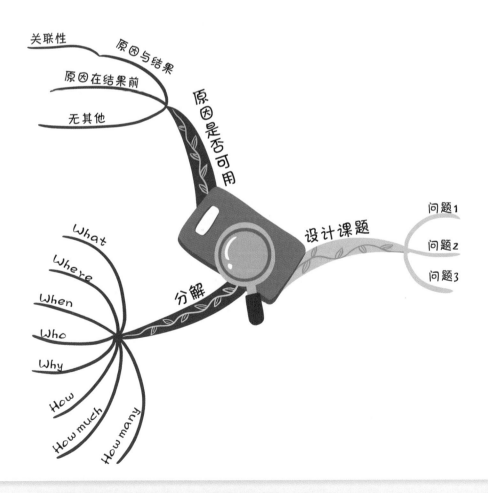

小试牛刀

现在，帮小明解决一下房子问题吧！相信这个问题很多人都遇到过。

解决问题

在项目执行过程中，经常会出现各种各样的问题，比如谁承担责任，钱花多了怎么办，执行不下去或者中途出现意外怎么办……虽然都有项目经理跟在现场，但是责任人如果一开始不确定，或者不明确工作职责，一旦出现问题，追责一事就会成为让

领导头疼的问题。

思维导图最擅长通过视觉化解决问题，让所有相关人员无法逃避责任。因此本节给大家介绍这样一张图，在有问题出现的时候，可以把这张图拿出来，按照图中的内容划分清楚，责任、方向、各种问题出现在哪里一目了然。

第一步：查看方案

执行方最大的问题就是设计的方案与实际执行的结果相悖，忘记初心是我们最容易犯的错误，因此在解决问题的时候，第一件事就是要找到我们最初设计的方案，沿着方案内容去做，这样跑偏的机会就会很小。

第二步：关于钱的分配

在一个项目中，钱的问题最为敏感。钱分配合理，问题就会少很多，无论是大项目还是小项目都是如此。所以，首先就要把钱分配清楚。

1.定金是否已经付过。比如我们开始一个项目时，甲方一般都会给 30% 的预付款作为启动资金，也有比这少一些的，具体看合同签署情况。

2.限制期限。这里可以有很多种理解，比如合作结款期限、付清尾款最后期限、押金期限等，同样要看方案或合同里如何规定。

3.关注人的问题。这个分支比较重要，因为人起着关键作用，任何地方有

人就会有各种复杂的关系和问题。在各种情绪、关系、能力、现实面前，想摆正这些关系是很难的，所以用图说明，摆事实，当事人不好推卸责任。

γ 更换执行者。这点比较难，特别是在项目进行到一半的时候换人更难，当事人一般都很不愿意，而且会显得没有面子。所以，可以在后面写上老员工做的事情、出现了哪些状况、有哪些问题解决不了等。这样在图上列出来，老员工就不会有太大异议。同时，在第二个分支上列出新员工的情况，包括让他执行这个项目的优势。注意，尽量从客观问题上找原因、写对比，这样被替换下来的员工不至于太难堪，对于其他员工来说，也比较有说服力

γ 换项目组。如果不是特别大的事情一般不太建议换项目组，但如果真的有很多问题，也别浪费时间，可以随机应变。更换项目组的注意事项与更换执行者相同。新旧之间最好做个对比，从客观现象层面去分析。比如这样写：原项目组因部分人员专业不对口，导致项目进展速度较慢；或者原项目组即将调入其他项目，不担任本项目执行。但如果出现重大事故，一定要如实汇报，写清楚。例如，原项目组在资金安排上和人员配备方面是否合理；有没有重大失误、谁负责、原因是什么等，都要在后面——列出，避免日后麻烦。这样既能给新接入组警示，又能给领导汇报提供素材

4. 关于决策风险判断。做任何决定都是有风险的，这个毫无疑问，思维导图最擅长把复杂问题简单化。在判断风险时要注意两方面内容：损失和收益。在损失分支写上明细，无论是金钱、物质还是人力损失都要写在上面；在收益分支同样写出详情，这样进行对比，一目了然。

5. 时间成本。时间虽然无法计算实际成本，但根据工期、人员工资、公司损耗等仍然可以算出时间成本。所以，要写出最能形成鲜明对比的内容。比如，如果不换人，要多一个月工期，相当于多付一个月的人工工资，而且逾期交付会被罚违约金等，用数据进行说明。

6. 重新制定进度。这也是对日后工作的保障。

γ 时间进度，再次确定截止日期

γ 展开调查，确定问题原因，以及最快多久可以解决

7. 合同问题。这个比较关键，需要跟对方进行协商修改，否则前面的事情全都可能白做。一般包括如下内容。

γ 分配比例。这里写得比较笼统，其实一般指的是利润分配比例，当然也有其他方面，比如劳务分配、股权分配等，主要看签订的合同内容

γ 时间要求。时间是我们完成合同比较重要的内容，所以无论在哪个节点上都有权要求重新制定，这是在保证双方的正常权益

γ 价格方面。价格决定最后利润与甲方的付出，因此在价格有争议的情况下，其他工作都可以先放下，由此可以看出价格的重要性。如果方案有所修改，价格方面一定要相应调整，不能忽视

8. 条款修改。如果合同有所更改，那么在这里一定要注意，哪项条款做了更

改，需要再次强调和说明一下。这个图是给自己看的，所以重点事项是在给自己做标记。

9.形成最终方案。整理成成稿，重新提交给对方。

记住，这不是在做一个新方案，而是在方案执行过程中出现问题后，需要修改和调整的内容。一般情况下不会全部推翻重新来过，但是也需要跟甲方进行协商后调整，以免出现不必要的麻烦和误解。

// 思维导图模板 //

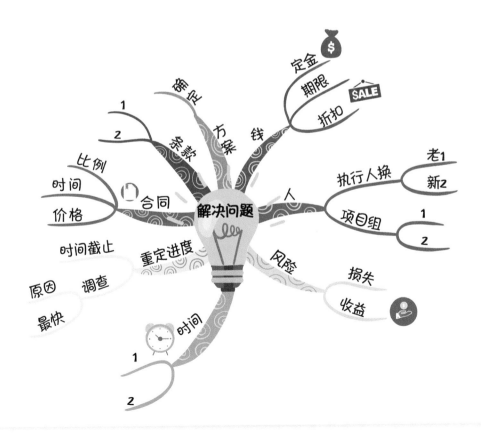

小试牛刀

一个招投标公司，已经中标的项目却因为第三方发货的问题导致施工推迟，下面利用思维导图进行分析，看看你能否帮助该公司解决问题。

07

第七部分

诗与远方——眼有星辰
大海，心有繁花似锦

第十六章

16 自在生活——把生活活成想要的样子

下班后的时间安排

Thomas 刚工作两年，工作比较清闲，下班后有大量时间可以自由支配。但他最近有点迷茫，想把时间好好利用一下，又不知道如何做。你能帮助他安排一下下班后的时间吗？

如果按照下午 5：30 下班，晚上 10：30 睡觉，他每天大概有 5 个小时的可自由支配时间，要是能好好利用，真的可以做很多事情呢！现在我们就一起来整理一下 Thomas 下班后的时间吧！

第一部分：确定目标

没有目标就会成为大海上的孤帆，即使你做了很多事情，也都是点和线，不会对你的总体发展产生多大影响。所以，确定你的目标，你要做什么，想成为什么样的人，特别重要。

1.利用业余时间交朋友。这也可以从两方面看，一是找到心仪的朋友，可以继续在后面做计划，交朋友的标准、在哪里可以找到、做什么准备等。二是拓展交际圈，增加自己的人脉，也可以继续在后面分析，你要拓展哪方面的人脉关系、跟自己的行业是否相关、如何找到相关的人，继续做出你的计划来。

2.为了更快晋升。晋升的目标是什么，这里可以先把想晋升的岗位定下来，定期修改。确定好目标后，开始详细分析你的工作内容，以及需要补充的能力，把具体内容在后面罗列出来，列得越详细，最后得到的结果会越好。

3.培养一个爱好。可以分为两种情况，一是有目标，比如你想学游泳、羽毛球之类的项目，可以直接找一个老师，并制订学习计划，开始实践。二是没有目标，需要确定目标，确定目标的方法比较简单：多尝试。给自己列一些试听课程，或多与有相关爱好的朋友接触，参与其中，看哪种爱好最适合自己，最后确定一个。

4.培养新技能。这个可以与工作有关，也可以无关。比如摄影、烘焙等，很多女孩子喜欢，却与工作无关，那也可以做，找到相关老师，或者在网上自学，制订好计划就行。

第二部分：空闲时间列表

从每天晚上下班时间开始计算，周末的时间也要算在里面。

第三部分：时间分配列表

确定好目标后，就可以列出自己的空闲时间了。这里有几个原则给大家列出来，可以根据自己的具体情况进行调整：一是娱乐时间不超过总时间的 20%；二是工作时间占 50%；三是学习时间占 30%。三者可以相互切换，也可以每天一个安排，灵活调整。但别只做一件事，这样会产生疲劳感，容易懈怠。

第四部分：安排原则

除了合理安排时间外，也要留出空闲时间，这样才能保证最佳精力，可以参考如下原则：第一，事情不要安排太满，一定要给自己留出空闲时间，可以应对突发事件和临时约会；第二，留出专注时间，在某个固定时间段，特别是学习新事物的时候，一定要免打扰，这样可以让你的专注力快速提升，达到最佳效果；第三，劳逸结合；第四，多尝试，而且要学会复盘和检验，如果发现效果不好，可以及时调整和更改方向。

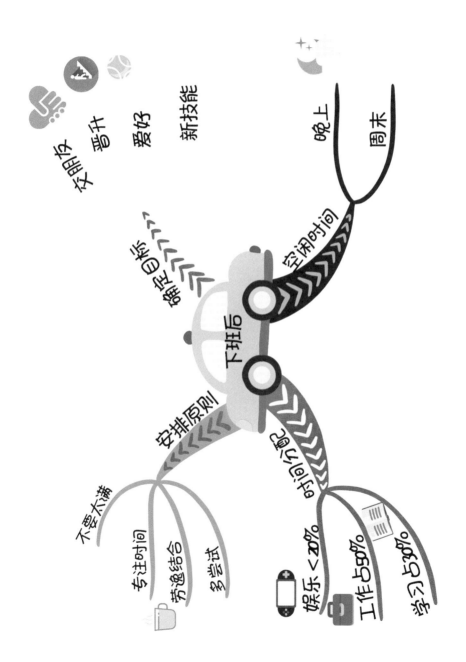

下班后

空闲时间
- 晚上
- 周末

确定目标
- 交朋友
- 晋升
- 爱好
- 新技能

安排原则
- 不要不满
- 专注时间
- 劳逸结合
- 多尝试

时间分配
- 娱乐 <20%
- 工作占50%
- 学习占30%

小试牛刀

下班之后你在做什么呢？有没有想过利用这段时间多做一些事情呢？

好好利用思维导图设计一下吧！

断舍离

断舍离是当今比较流行的一种对物质和精神的处理方式。我们到底要断舍离什么呢？是什么让我们纠结却一直扔不掉呢？下面还是画一张图，让大家在图上可以看到我们到底要断舍离什么东西。

第一部分：断舍离的前提

让我们最纠结的就是不知道应该如何取舍，可以从以下两个方面进行判断。

1.什么是你想扔掉，但一直没扔的东西。这里一定要列出来，而且要分类列出来，越详细越好。当你写的时候，也是对自己的思路重新整理的过程。

2.不知道自己要断什么。可以从几个维度思考：三年内没穿的衣服、一年内没用的物品、不喜欢但舍不得丢掉的东西、小时候的纪念品等，顺着这样的思路继续往下写。

第二部分：精神上的断舍离

1.情感上的。比如跟子女的关系、跟父母的关系、跟爱人的关系等。不合适的任何情感，都要舍掉。

2. 信仰上的。 有些信仰不利于个人成长，例如，一些邪教、迷信思想等都要舍掉。

3. 依赖。 有对人的依赖、对事物的依赖等。

第三部分：物质上的断舍离

一年内不用的物品，可以送人或者扔掉。另外，尽量减少购买欲望，不是必需品就尽量不买，扔的时候也要快速决定，别犹豫，不去问别人这个东西是要还是不要。

第四部分：时间的断舍离

要给自己留白，学会休息，休闲娱乐也是生活中必不可少的一部分。

第五部分：知识的断舍离

喜欢的知识但无用，我们可以先放下，等有时间再去学。

1. 有用的知识要去学。

2. 用处不大，但自己感兴趣的，可以先放一下。

3. 多看书，少看别人分析过的内容，多看一手资料。

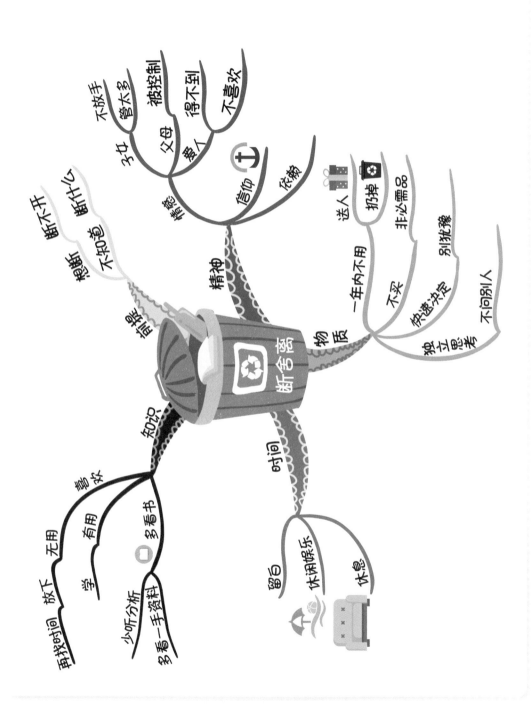

断舍离

精神

情感
子女
不放手
管不多
父母
被控制
爱人
得不到
不喜欢
信仰
依赖

物质
送人
一年内不用
扔掉
不买
非必需品
快速决定
别犹豫
独立思考
不问别人

整理
断不开
想断
断什么
不知道

知识
喜欢
无用
有用
学
再找时间
放下
少听分析
多看书
多看一手资料

时间
留白
休闲娱乐
休息

小试牛刀

根据上面的思维导图模板，给自己设计一个断舍离计划吧!

减肥计划

减肥一直喊，却减不下来。小红这次下定决心要减肥，减肥方法却有点极端，不吃不喝的。你能不能做个切合实际的减肥计划，帮帮她呢？

减肥是我一生的事业

减肥似乎已经成为我们这代人的标志，人人都在喊减肥，人人都在喊健身，但实际上能执行的人少之又少。本书就给大家画一张思维导图，督促大家减肥健身。

第一部分：肥胖的原因

知道自己为什么胖，才能找到解决方案。这部分就是发现自己肥胖的原因。

1.遗传。如果你是遗传体制，其他几种原因就不用画出来了。

2.从小吃胖的。同样在后面标注上。

3.懒。比如不喜欢运动、比较宅、吃得特别多、应酬多等。

第二部分：减肥的动力

热血不会让我们持久，只有找到真正的动力，才能让我们把这件事坚持下去。

1.让自己越来越健康。因为肥胖会伤害你的身体，包括心脏、肝脏、脑血管、免疫系统等。

2.让自己变得更加美丽。瘦下来后会有更大的概率和自己喜欢的人在一起，得到喜欢的工作，让自己更有魅力。

以上两点只是做个提示，如果你有自己独特的原因，还可以继续加内容。

第三部分：习惯纠正

这部分就是根据自己的情况去做调整。先从宏观上给自己一个方向，计划要如何去减肥，从可以改变的习惯去改变。这里给大家提供 3 个方式，仅供参考，当然，你还可以继续写自己的方式。

1. 改变饮食习惯。 改变爱吃高热量垃圾食品和暴饮暴食的习惯。

2. 调整睡眠习惯。 要睡眠充足，少熬夜，早睡早起。

3. 不要节食。 节食的缺点不用多说了，优点更是没有，调整好饮食比什么都重要。

第四部分：根据上述需要改进和调整的内容做一个详细的减肥计划

1. 要有一个好的习惯。 要有良好的作息时间和饮食习惯，可以把具体作息安排写在后面。

2. 要锻炼。 锻炼计划要根据自己的身体情况和时间制订，不要过于激进或过于轻松，要保持循序渐进的状态。

第五部分：复盘计划

每日记录体重情况、计划执行情况，遇到问题时，要思考第二天如何解决。

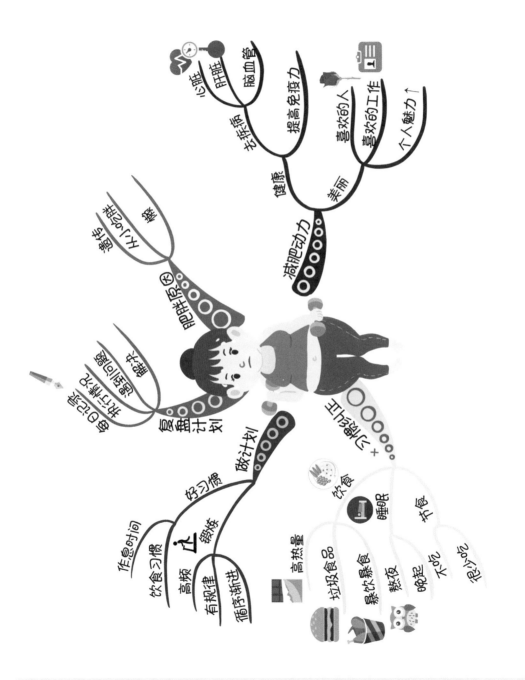

减肥动力

健康
- 去疾病
  - 心脏
  - 肝脏
  - 脑血管
- 提高免疫力

美丽
- 喜欢的人
- 喜欢的工作
- 个人魅力↑

肥胖原因
- 遗传
- 从小习惯
- 懒

复盘计划
- 每日记录
- 发现问题
- 改正措施

做计划
- 好习惯
  - 作息时间
  - 饮食习惯
- 高频
  - 有规律
  - 循序渐进
- 锻炼

少食多餐+
- 饮食
  - 垃圾食品
  - 暴饮暴食
  - 高热量
- 睡眠
  - 熬夜
  - 晚起
  - 不吃
- 节食
  - 很少吃

因为疫情，盼盼在家不停地吃、不停地睡，虽然居家办公，也在工作，但胖了 15 斤。马上又要过年了，她想瘦回来，帮她做一个减肥计划，让她过一个美美的新年吧！

约会安排

约会计划不仅适用于男女生约会，还适用于商务约见、客户关系维护、朋友之间交流感情等。用这张图可以做好充足准备，特别是重要活动，尽量避免出现突发事件。

第一部分：明确约会目的

我们做任何事都要有明确的目的才行，否则很难达到理想效果。可以把约会人群进行分类，这里分成两类，也可以做精细化区分，这样更有助于后面的活动安排。

1.**为了工作**。如果这次约会是为了工作，那么见面的目的一定要明确，是为了做关系连接，还是谈合作，或者是签合约，又或者是帮助他人做关联等，都要一一列在纸上。

2.**与喜欢的人约会**。形式不局限，各种活动都可以。当然，你们的关系决定了进行什么活动，通过活动也可以看出你的用心程度。如果是正在追求对方，那更要做一个完美的安排，这样对方才能感受到你对她的重视程度，从而心悦于你。

第二部分：列出对方情况

可以把对方情况写出来，特别是商务约见时，对方的职位、喜好、年龄、性别、职业等，凡是你了解到的信息都要在列出来，对方的饮食禁忌最好也写上，这样可以避免在细节上让人不舒服。

第三部分：细节安排

1.**确定时间**。时间尽量不要改变，特别是重要客人的时间都比较宝贵，一旦确定时间就不好再变。

2.**地点安排**。可以只安排一项活动，但要安排一些备选项目，比如饭后看电影、唱歌等。如果没有安排，临时安排容易出现尴尬局面。

3.**出席人物**。人少比较容易些，人多的话就要分析具体情况，比如需要多大空间、点菜细节、酒水喜好等。

4.**物品准备**。如果需要带礼品，最好投其所好。如果是商业洽谈，也可以带些产品样品等，方便与对方进一步洽谈。

第四部分：确定计划

当把所有准备工作、需要调查的内容都整理清晰后，就可以开始做了。

1. **确定主题**。把主题写在上面，可以起到再一次强调的作用，也避免跑题。

2. **做出计划**。一般至少做出两个版本的计划，以备不时之需。

3. **复盘**。复盘是活动结束后回家要做的事情，是对整件事情的整理工作。无论是商业活动还是甜蜜约会，都可以做复盘。如果活动内容过多或形式过大，可以单独拿一张纸做复盘，目的就是反思一下优点和缺点。

// 思维导图模板 //

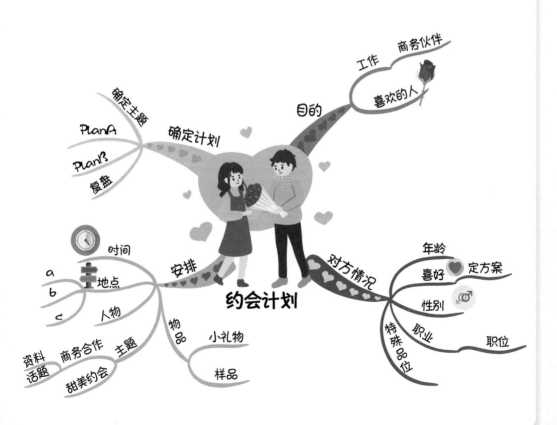

小试牛刀

　　Andy 是销售部的新人，一直以来都很努力地做业绩。最近他谈了一个大单，对方是个很冷酷的女老板，想约她出来吃饭非常难，帮助 Andy 做个约会计划吧！

第十七章

02

星辰大海——除了眼前的苟且，
还有诗与远方

📇 查攻略

马上要放暑假了，佩奇爸爸要带佩奇和乔治出门旅行，可是到底去哪里
呢？这是一个比较头疼的问题，每个小朋友都有自己的想法，佩奇爸爸需要查一
下攻略。

现在请你帮佩奇爸爸解决这个难题好吗？

在确定出游计划前，通常我们会查一下攻略，希望在最短时间得到最佳行

程方案。这个过程是一个筛选的过程，需要有目的、有条件地选择，下面就把查攻略的导图画给大家！

第一部分：确定几个要点

1.**时差情况**。能不能接受调整时差，或者是否有需要调整的时差，标注出来。

2.**目的地计划**。在不确定具体如何走时，可以先规划3条线，分别叫作A线、B线、C线，把3条线的大致行程列出来，然后做对比。

3.**出游时间**。这个最好先确定，以便了解酒店、对比机票价格。

第二部分：行程安排

在这个计划里，这部分最能体现你的想法，也是需要对比的内容，所以列举出以下3条路线。

1.**最省钱的路线**。可以按照这个思路在后面做标记。

2.**最舒适的路线**。可以把最想享受的内容都列上，然后再对比淘汰。

3.**最合理的路线**。在时间安排和价格控制上最合理的路线。

最后将上面3条路线进行对比。

第三部分：必去地点

因为总会有一些地方是我们特别向往的，所以要提前把它们列出来，以免最后落下或忘记放到行程里。例如，景点、小吃、特色酒店、购物等。

第四部分：其他细节

电话卡、支付方式、充电转换器、饮食习惯等也要了解清楚，这些会帮你节省很多时间，解决很多小问题。了解当地禁忌非常重要，特别是在出国旅行的时候，了解当地情况，知道禁忌，这样可以避免很多不必要的尴尬和麻烦。

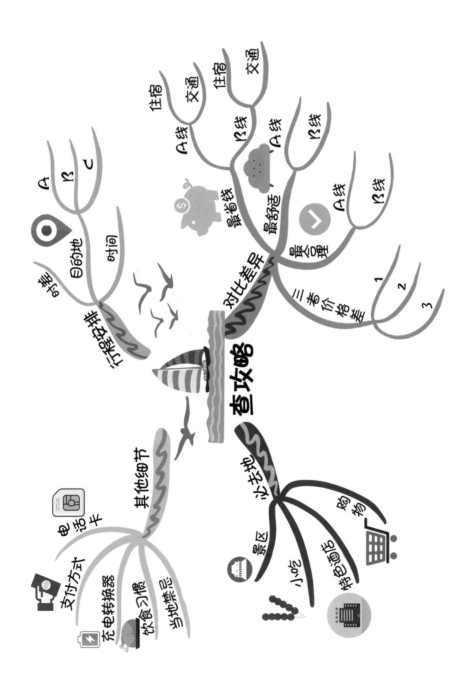

小试牛刀

即将毕业的小红计划跟寝室同学来一场毕业旅行，她们想去云南感受一下少数民族的文化气息，希望出游的性价比高一些，请你帮她们做一个计划吧！

制订出行计划

佩奇一家准备利用一周时间去一趟日本，因为有两个小朋友，不适合跟团，所以他们选择自助游，这个光荣的任务交给佩奇爸爸啦！

假如你是佩奇爸爸，如何做这个计划呢？

下面给大家画一张图整理出游计划，以去海边为例。

第一部分：整体安排

1.确定目的地。海边。

2. **交通情况**。坐大巴车、船、飞机之类的交通工具都可以写在里面，如果是自驾游，也可以把具体安排写在里面。

3. **时间安排**。把所有的时间都有条理地写在后面，例如，出发时间、交通时间、游览景区时间等。

4. **入住酒店**。长途出行会有几个酒店，短途可能有一家到两家，最好提前预订好，上面再标注一下联系电话之类的内容，方便后面沟通。

5. **人员安排**。一般出行会是几个家人一起，或几个朋友同行，这样就需要把房间、交通等需要按照人数提前确定好，避免在后面的行程中出现问题和麻烦。

第二部分：注意内容

1. **安全方面**。本次行程是否会有安全风险，如果有，提前列出，也要告知其他成员，提醒大家注意或防范。

2. **饮食方面**。食物安排非常重要，很多人夏天吃海鲜容易胃肠感冒，还有过敏症状，因此需要标注一下食物情况，以便大家有所准备。

第三部分：物品

1. **食物**。需要带的食物写在后面。

2. **药品**。常备药或小朋友需要的药品，带齐。

3. **酒水**。短途旅游，很多人喜欢自带酒水，可以在这里写上数量、品类等。

4. **生活用品**。需要特别强调的生活用品列出来。

5. **娱乐设施**。具体内容大家可以列在思维导图的后面。

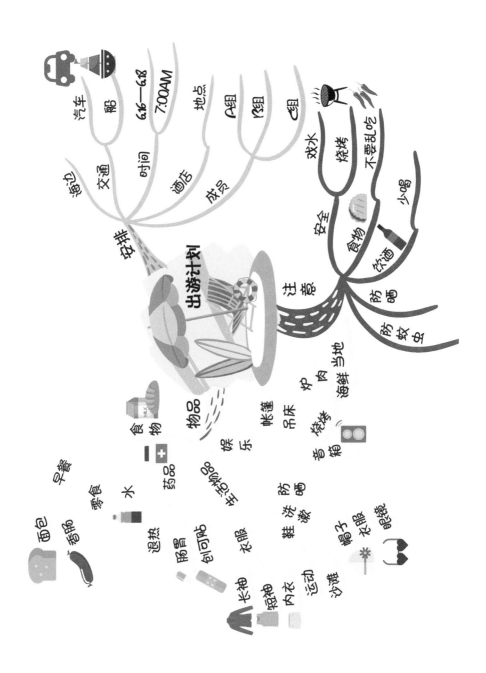

出游计划

安排
海边
交通
汽车
船
时间
6月6日—6月8日
7:00AM
地点
酒店
成员
A组
B组
C组

注意
安全
戏水
烧烤
食物
不要乱吃
饮酒
少喝
防晒
防蚊虫

娱乐
帐篷
吊床
烧烤
炉
肉
海鲜
当地
香薰
音箱

物品
食物
面包
香肠
早餐
零食
水
药品
退热
肠胃
创可贴
生活用品
衣服
鞋
洗漱
防晒
裙子
衣服
眼镜
长裤
短裤
内衣
运动
沙滩

小试牛刀

今年的"十一黄金周"你准备怎么度过呢？现在就开始做计划吧！